사실은 의견일 뿐이다

Original Title: Fakten sind auch nur Meinungen
by Jens Foell
Copyright © 2024 by Droemer Verlag.
An imprint of Verlagsgruppe Droemer Knaur GmbH & Co. KG, Munich

All rights reserved. No part of this book may be used or reproduced in any manner whatever without written permission except in the case of brief quotations embodied in critical articles or reviews.
Korean Translation Copyright © 2025 by Next Wave Media Co., Ltd
Korean edition is published by arrangement
with Verlagsgruppe Droemer Knaur GmbH & Co. KG, Munich
through BC Agency, Seoul

이 책의 한국어판 저작권은 BC에이전시를 통해
저작권사와 독점 계약한 ㈜흐름출판에 있습니다.
저작권법에 의해 보호를 받는 저작물이므로 무단 전재와 복제를 금합니다.

FACT VS. VIEW

사실은 의견일 뿐이다

불확실한 지식으로 가득한 이 세상에서
진짜를 판별하는 과학의 여정

옌스 포엘 지음 | 이덕임 옮김

흐름출판

추천의 글

온갖 터무니없는 가짜 뉴스가 넘쳐나고 말도 안 되는 음모론도 자주 등장하는 것이 바로 지금 우리가 함께 살아가는 세상의 모습이다. 근거 있는 객관적 사실과 뜬구름 잡는 주관적 의견이 뒤죽박죽 섞여 있어 어떤 것을 믿고 어떤 것을 의심해야 하는지 도대체 갈피를 잡기 어려울 때도 많다. 저자는 사실과 의견 사이의 흥미진진한 회색지대를 탐색한다.

책을 펼치기 전, 제목 《사실은 의견일 뿐이다》를 보고는 객관적인 사실이라는 것은 없어서 얼마든지 '대안적 사실'이 존재한다는 엉뚱한 주장이 책에 담겼을 것으로 오해했다. 책을 모두 읽고 나면 저자가 하고자 하는 말은 흥미롭게도 제목의 정확한 반대라는 것을 알 수 있다. 저자는, 사실은 단지 의견에 불과한 것이 아니라고, 아니, 사실은 단지 의견에 불과한 것이 아니어야 한다고 힘주어 말한다. 책 제목은 저자 주장의 반어적 표현이다.

우리가 사실로 믿는 것 중에는 단지 의견일 뿐인 것도 많다. 우리가 자주 의견을 사실로 간주하는 오류가 너무나도 흔하게 발생하기 때문이다. 이 책은 여러 기존 연구와 사례를 소개하며, 왜 우리가 이토록 자주 의견을 사실로 여기게 되는지 설명한다. '우리는'으로 시작하는 모두 16개 장의 제목이 바로 우리가 가진 본연적인 한계에 대한 짧은 요약이다. 각 장에서 저자는 극복하기 어려운 한계를 설명하면서 한계를 극복할 방안도 아울러 제시한다.

저자는 책의 곳곳에서 반박과 의심의 중요성을 강조한다. 강력한 작은 지하 정치 조직이 한 국가 전체를 조종하고 있다는 주장과 같이 반박이 불가능한 주장을 듣는다면 그냥 무시하라는 저자의 조언을 듣고 우리나라의 몇 음모론을 떠올리기도 했다. 저자가 말하는 의심은 타인뿐 아니라 자신을 향하기도 한다는 것도 중요하다. 아무리 스스로에게 확실해 보여도 자신의 접근 방식 자체도 늘 의심해야 한다는 얘기는 모든 과학자가 귀 기울일 가치가 있다.

'단지 의견일 뿐'인 주장에 현혹되지 않고자 하는 모든 이, 사실에 기반해서 귀 기울일 가치가 있는 의견이 어떤 것인지 판별하고자 하는 모든 이에게 이 책을 추천한다. 책을 읽었다고 끝이 아니다. 책에서 소개한 과학적인 방식으로 사고하려 힘써 노력하지 않는다면, 여전히 사실은 단지 의견일 뿐이다.

김범준 성균관대 물리학과 교수

◦ 차례 ◦

추천의 글 — 4
한국 독자들을 위한 특별 서문 — 8
프롤로그 — 11

제1부 살펴보기
우리는 많은 것을 놓친다 — 27
우리는 관찰도 기억도 잘 하지 못한다 — 33
우리는 우리에게 있는 것만 측정할 수 있다 — 53
우리는 자신의 방법을 의심하지 않는다 — 69

제2부 가설 검증하기
우리는 반박할 수 없는 가정을 좋아한다 — 81
우리는 모든 것을 확실히 알지는 못한다 — 93
우리는 때때로 설명할 수 없는 것을 관찰한다 — 125
우리는 어떤 가정에 지나치게 집착한다 — 140

제3부 해석하기

우리는 우리가 측정한다고 생각하는 것을 측정하지 않는다 — 151

우리는 어떤 설명이 옳은지 알 수 없다 — 163

우리는 기대에 따라 분류한다 — 183

우리는 기대 없이 관찰할 수 없다 — 189

제4부 친구에게 말 걸기

우리는 서로를 이해하지 못한다 — 203

우리는 연구 자료를 읽는 방법을 모른다 — 211

우리는 가짜 연구에 속는다 — 221

우리는 모든 연구를 똑같이 신뢰할 수 있다고 여긴다 — 235

보다 나은 판단을 위한 지침 — 242

미주 — 253

에필로그 — 255

참고 문헌 — 259

한국 독자들을 위한 특별 서문

우리가 지금 전례 없는 시대를 살아가고 있다는 데에는 의심의 여지가 없다. 지난 10여 년 동안 일어난 여러 예기치 못한 변화 중 하나는 바로 '가짜 뉴스'라는 개념의 급격한 확산이다. 이는 주류 정치에서 노골적인 거짓말이 사용되는 현상을 가리킨다. 정치가 존재해 온 이래로 사실 왜곡은 늘 있어 왔지만, 최근 몇 년 사이에는 자신의 주장을 뒷받침하는 증거를 제시하기보다 상대방 주장의 신뢰성을 공격하는 방식으로 급격하게 수사가 변화하고 있다.

대다수 사람들은 합리적이고, 검증 가능한 사실을 존중하며 진실을 알고 싶어 하는 마음을 지니고 있다. 그러나 오늘날 이들이 무엇을 믿을 수 있을지, 어떤 정보를 신뢰할 수 있는지를 판단하는 일은 그 어느 때보다 더 어려워졌다.

이 상황이 위험한 이유는 단순히 가짜 뉴스로 인해 사람들이 자신의 이익에 반하는 행동을 하게 되거나 거짓 정보의 그물 속에서 길을 잃게 될 수 있다는 데에 그치지 않는다. 더 큰 위험은, 사람들이 아예 '진실'이라는 개념 자체에 대한 신뢰를 잃을 수 있다는 점이다. 서로 다른 출처들이 서로 다른 말을 하고 있을 때, 사람들은 실제 진실이 논쟁의 여지가 있거나, 알려지지 않았거나, 아예 알 수 없는 것이라고 생각하게 되기 쉽다. 하지만 이런 생각은 우리가 정직한 정보원을 상대로 하고 있다는 기대에서 비롯되는 것으로 한쪽이 거짓말을 하고 있다면 그 전체가 자체로 무너진다.

온라인 세계는 이 혼란을 더욱 악화시킨다. 우리가 처리할 수 있는 범위를 훨씬 넘는 정보에 노출되고, 신뢰 여부를 판단하기 어려운 수많은 출처를 접하기 때문이다. 이런 상황에서 진실에 다가가기 위해서는 우리 스스로 진실을 탐색해야만 한다. 과학적 사실의 결과뿐만 아니라, 그것이 도출된 방식까지도 깊이 이해하고, 그 신뢰성을 판단할 수 있어야 한다. 하지만 이런 종류의 탐구 능력은 학교에서도, 어떤 직장에서도 배울 수 없다.

바로 그 빈틈을 채우기 위해 나는 이 책을 썼다. 과학적 정보를 비판적으로 평가하고, 그 속에 숨어 있는 문제점들을 식별할 수 있도록 돕기 위해서이다. 이를 위해 우리는 여러 과학자들이 동일한 데이터를 보고도 전혀 다른 결론에 도달했던 역사적 사례들—예를 들어 화성의 암석이나 꿀벌의 행동 연구—을 함께 살펴볼 것이다. 또한 실험 데이터를 얻을 수 없었지만, 사실에 기반을 둔 결정을 내려야만 했던 상황들—유아용 식품이나 콜레라에 대한 연구

등—도 함께 다룰 예정이다.

　이 책은 이러한 사례들뿐만 아니라 다양한 예시들을 통해, '사실'과 '의견' 사이의 흥미진진한 회색 지대를 탐색하고, 독자들이 사실의 본질에 도달하여 스스로 정보에 기반을 둔 의견을 형성할 수 있도록 돕는 가이드라인을 제시하는 것으로 마무리될 것이다.

　이 내용을 마음속에 잘 새긴 독자라면, 여전히 안개 속 같은 시대를 살아가더라도, 어디에서 가짜 뉴스를 마주하더라도 보다 잘 대처할 수 있는 힘을 얻게 될 것이다.

프롤로그

"변하지 않는 마음을 가진 사람은
고인 물과 같아서 그 안에 영적 파충류를 키우게 된다."

— 윌리엄 블레이크,
《천국과 지옥의 결혼The Marriage of Heaven and Hell》

"헛소리하지 마, 옌스. 사실은 의견이 아니야. 머리에 총이라도 맞은 거야?"

나의 오랜 친구 프레디가 한 말이다. 프레디는 비판할 여지가 있으면 절대 오래 참지 못하는 성격이다. 그날도 마찬가지였다.

"자넨 과학자이면서 마치 AfD[1] 당원처럼 얘기하는군."

우리는 모두 사실과 의견이 다르다는 것을 잘 안다. 사실은 객관적으로 증명될 수 있는 것이다. 사실에 대해 의심하는 것은 기껏해야 시간 낭비이고, 최악에는 불확실성을 일부러 불러일으키기 위한 전략에 불과하다. 반면, 의견은 사실에 근거할 수 있지만 객관성을 검증해야 하는 원칙을 따르지 않는다. 의견에 의문을 제기할 수는 있지만, 어떤 사람이 그 같은 의견을 갖는 것까지는 어쩔 수 없으므로 이를 공격하는 것도 무의미하다. 그러므로 적어도 사실과 의견에는 그 정당성에 대해 논쟁하는 것이 무의미하다는 공통점이 있다.

사실과 의견의 차이는 "이 방의 온도는 섭씨 23도입니다"와 "오늘은 티셔츠를 입기 좋은 날씨네요"의 차이와 같다. 온도를 측정하는 것은 과학의 영역이고, 어떤 옷차림이 좋을지에 대한 개인적인 의견은 과학이 아니다. 여기까지는 분명하다. 그러므로 우리 모두 자신의 의견에 대한 권리는 있지만, 사실에 대한 권리는 없다고 할 수도 있다.

그런데 그렇게 간단하지만은 않다. 이 책에서 계속 다루겠지만, 사실과 의견 그리고 해석의 경계를 구분하기란 쉽지 않다. 이것이야말로 심리학과 자연과학 그리고 우리가 이해하는 세상의 핵심 요소이기 때문이다.

"그래, 심리학에서는 그럴지도 모르지."

프레디가 말했다.

"하지만 물리학에서는 그렇지 않지. 예를 들어, 원자는 원자이고 행성은 행성이야. 그건 의견이나 이념을 벗어난 사실이거든."

프레디가 어째서 행성을 언급했는지는 모르겠다. 물리학에서는 이에 대한 다른 의견이 존재하기 때문이다. 행성이 단순히 행성이라면, 명왕성에 왜소행성 지위를 부여하기로 한 결정을 투표에 부치는 일은 없었을 것이다. 또한, 작은 입자의 세계에서도 의견과 사실의 경계가 프레디가 생각하는 것처럼 항상 명확하지는 않다. 원자의 존재도 사실로 인정되기 전에는 그저 의견일 뿐이었다. 그래서 나는 프레디에게 이렇게 대답했다.

"물리학이 오히려 더 심하다네."

완벽하게 딱 들어맞는 표현은 아닐 수 있지만, 당시에 내가 하고 싶었던 말은 이것이었다.

과학 분야만이 아니라, 우리는 대개 사실과 의견의 경계에 대해 정확하게 이해하지 못한다. 이러한 오해를 바로잡으려면, 사실과 의견의 구분이 어디에서 끝나고 어디에서 시작되는지, 또 어떤 지점에서 과학조차도 이 둘을 더 이상 구분할 수 없게 되는지 보다 정확하게 이야기해야만 한다.

내 친구 프레디가 사실과 의견을 뒤섞는 세력에 대해, 특히 AfD에 대해 분노하며 저격하는 것은 크게 보자면 틀린 말이 아니다. 두 개념의 차이를 의도적으로 흐리게 만드는 것은 말하자면, 포퓰리스트의 거실에 놓인 만능 리모컨과도 같다. 굳이 설명할 필요도 없다. 나는 트럼프주의가 부상하고 번성하던 시기에 미국에 살았다. 그것도 플로리다에서. 그곳은 특히 극심한 우경화와 함께 포퓰리즘적 운동이 세를 불려가고 있었다. 나는 플로리다주의 수도인 탤러해시에 살았고, 미국에서 세 번째로 인구가 많은 주의 권력이 모여 있는 주 의사당을 출퇴근길에 지나곤 했다. 트럼프 대통령이 현실과 맞지 않는 터무니없는 주장을 하고 난 다음 날 아침이면 이 건물 앞에 취재하러 온 기자들을 드물지 않게 마주쳤다.

트럼프의 현실을 왜곡하는 사고는 진공상태에서 나오지 않았다. 그전에도 존재했지만, 이 시기에 그와 같은 표현이 문자 그대로 폭발적으로 증가했다. 불편한 사실을 논쟁의 여지가 있는 취약한 의견으로 축소하는 데 사용되는 '가짜 뉴스'라는 개념이 그 예에 해당한다. 사실을 '가짜'라고 선언하는 것이 당시에 너무 널리 퍼져서 트럼프는 자신이 이 개념을 발명했다며 여러 차례 자화자찬하기도 했다.

"내가 만든 가장 멋진 미디어 용어 중 하나가 '가짜Fake'랍니다. 누가 얼마 동안 이 용어를 사용했는지 모르겠지만 난 한 번도 그 전에는 들어본 적이 없어요."

포퓰리즘과는 거리가 먼 이 용어는 2016년 미국 대선 캠페인 기간 동안 인터넷에서 발견될 수 있는 온갖 잘못된 정보의 홍수를 묘사하는 데도 충실히 사용됐다.

확립된 사실에 의문을 제기하는 것이 특히 포퓰리스트와 민주주의의 적들이 주로 옹호하는 방식이라는 데는 의심의 여지가 없다. 그 이유 중 하나로 포퓰리스트의 관점에서 과학은 정치와 마찬가지로 보통 국민에게는 없는 것, 즉 진실에 대한 소유권과 결정권을 가진, 엘리트적 구조에 지나지 않기 때문이다. 당시 영국 법무부 장관이었던 마이클 고브Michael Gove의 인터뷰를 보면 이를 분명히 확인할 수 있다. 많은 전문가가 브렉시트를 매우 부적절한 생각이라 여긴다고 인터뷰 진행자가 지적하자 그는 이렇게 대답했다.

"이 나라 국민은 이제 전문가들의 말이라면 진저리를 친답니다."

인터뷰 진행자가 그를 "옥스브리지 트럼프[2]"라고 부르자, 고브는 '영국 국민에 대한 믿음'이라며 자신의 발언을 정당화했다. 과학적 사실에 대한 포퓰리즘적 거부감이 과학의 권위에 대한 일반적인 거부감에서 비롯됐다면, 그저 사실을 옳은 것으로만 받아들이고 더는 논의하지 않는 태도는 도움이 되지 않는다.

예를 들어, 나는 프레디와 커피를 마시는 것이 좋은지 나쁜지에 대해 토론한 적이 있다. 이 문제를 정확하게 파헤치기 위해 다수의 생화학자들이 과학적 연구를 통해 쓴, 12개 이상의 기사를 《약학 저널Apotheken Umschau》에서 찾아 읽었다. 그 결과, 커피를 마시는 것은 '일반적으로 무해하다'는 결론이었다. 살았다! 물론 다음과 같은 예외도 있다.

'카페인은 칼슘의 배설을 촉진해 뼈 손실을 촉진한다. 따라서 골다공증을 앓고 있는 사람은 하루에 세 잔 이상의 커피를 마시면 안 되고 우유를 넣어 마시는 것이 바람직하다.'

다행히 나에게는 큰 지장이 없는 결과다. 우선 내가 아는 한, 나는 골다공증이 없으며 집에 있는 커피잔은 엄청나게 크기 때문에 (한때 미국에서 살았던 영향이다) 이 권유 사항을 여유 있게 받아들일 수 있다. 그런데 좀 더 자세히 알아보니 한 공영 방송에서 영양 전문가가 다음과 같은 말을 했음을 알게 됐다.

"소규모 연구에 따르면 커피가 뼈 건강에 긍정적인 영향을 미친다는 사실이 밝혀졌습니다."

이는 관련 전문 지식을 갖춘 연구자들이 입증한 연구 결과와는 상반된 주장이다. 무엇이 사실이고 무엇이 의견일까? 아니면 이러한 모순은 아직 과학이 알아내지 못하는 영역이 그만큼 많다는 것을 의미하는 것일까? 무엇보다도 하나의 의견을 형성하기 전에 얼마나 많은 사실이 필요한 것일까? 어쨌든 나는 이러한 과학적 주장을 거부하거나 내 의견이 더 중요하다고 주장함으로써 무식한 트럼프 같은 사람으로 분류되고 싶지는 않다.

코로나 팬데믹 상황에서 우리 모두가 직면했던 긴박함이 넘치는 문장이 있었다. 바로 '마스크는 당신을 질병으로부터 보호합니다'였다. 커피와 달리 이 사실은 처음부터 비교적 명확했다. '(질병) 의심 환자는 확실한 진단이 내려질 때까지 마스크를 착용해야 한다'라는 문장은 이미 100년 전에 스페인 독감을 억제하기 위한 효과적인 조치를 설명한 논문Paper3에서도 찾아볼 수 있다. 현대 과학의 연구에 따르면 기침을 할 때나 말할 때 바이러스가 공기로 전파되므로 마스크가 바이러스의 이동 경로를 크게 줄일 수 있다는 점은 의심의 여지가 없다. 팬데믹 이전에 이루어진 이 주제에 관한 다른 연구를 살펴보고 종합적으로 평가한 연구(이 개념에 대해서는 나중에 자세히 설명하겠다)에서도 마스크 착용과 손 씻기는 명확하게 옹호됐다.

반면, 코로나 팬데믹 초기에는 마스크 착용의 효과에 대해 최소한 출처에 관해서라도 그것이 직접 입증됐는지를 믿을 수 없다는 반대 의견도 있었다. 세계보건기구WHO와 미국 보건 당국의 주요 인사들은 초기에 눈에 띄게 아픈 사람이 아니라면 마스크를 착용하는 것에 반대하는 목소리를 냈다. 이들의 주장은 마스크의 효과가 충분하지 않을 수도 있다는 생각과, 마스크가 굳이 맞지 않는데도 마스크 착용을 안전하다고 느끼는 사람이 더 큰 위험을 감수할 수 있다는 우려도 포함했다.

마스크 착용의 효과와 관련해 진실을 알고 싶거나, 적어도 자신을 잘 보호하는 방법에 대해 가장 납득될 만한 사실을 기반으로 한 권장 사항을 밝히고자 한다면, 원본 연구를 찾아서 읽는 것이 가장 낫다. 하지만 이러한 원칙을 누구도 우리에게 가르쳐주지 않았다. 그 결과, 마스크 착용에 대한 담론 중에는 사실보다 의견이 훨씬 많았다. 당시 관련 트윗을 분석한 결과, 마스크 착용을 찬성하는 트윗이 반대하는 트윗보다 출처를 더 자주 언급하는 것으로 나타났다.

처음부터 마스크 착용을 찬성하는 쪽에서 출처를 인용하는 경우가 더 많을 수 있으므로 언뜻 보기에 이는 놀라운 일이 아니다. 하지만 수치를 자세히 살펴보면 다소 놀라운 사실이 드러난다. 예를 들면, 마스크 착용을 찬성하는 트윗 중 출처를 밝힌 비율이 19퍼센트인 데 반해 마스크 착용을 반대하는 트윗은 6퍼센트에 불과했다.

그것도 다른 트윗을 인용한 후 인스타그램이나 유튜브 링크만 제공하는 경우가 대부분이었다. 독립적인 연구 자료나 당국의 정보 등 신뢰할 수 있는 출처는 두 트윗 그룹 모두에서 절반 미만의 비율을 차지했다. 따라서 마스크 착용에 관한 찬성 및 반대 콘텐츠의 99퍼센트 이상은 그저 의견이었을 뿐이다. 이는 한쪽 의견이 사실에 가깝다고 해도 마찬가지였다.

의견, 사실 그리고 사회

건강과 관련된 주제에서 직면하는 이와 같은 어려움과 신뢰도에 따라 연구 상황을 평가하는 방법에 대해 앞으로 더 자세히 이야기하겠다. 현재로서는 이러한 상황에서 실제로 벗어나기가 불가능함을 인식하는 것이 중요하다. 그 이유 중 하나는 과학이 말할 수 있는 것과 현재 정치적, 사회적으로 필요한 것 사이에는 상당한 괴리가 있기 때문이다. 다소 과장해서 말하자면, 과학은 살인이 법적 행위인지 아닌지도 말할 수 없다. 기껏해야 살인을 우리 세계의 법적 테두리 안에 둠으로써 더 나은 의사결정을 할 수 있는 모델의 근거로 삼을 수 있을 뿐이다.

그런데도 그 결정 자체는 윤리적이며 사회적이므로, 이는 사실보다는 의견의 문제라 할 수 있다. 즉, 사회적 이슈에 관해서는 과학적 사실만으로 충분하지 않다. 아무리 저명한 연구자들이 그와는 다른 시각을 가지고 있다고 해도 이는 어쩔 수 없다.

가장 바람직한 방식은 모두 동의할 수 있는 확실한 사실들이 존재하고, 이를 바탕으로 의견을 형성하는 것이다. 우리의 의견, 즉 정치적 입장은 가능한 실증적 증거, 다시 말해 과학적 방법으로 증명하고 입증할 수 있는 것들에 기초해야 하며, 사실과 무관하거나 자의적인 신념에 의존해서는 안 된다.

이 개념은 사실에서 의견으로 가는 일방통행로처럼 생각되곤 하지만, 실제로는 그렇지 않은 경우가 많다. 분명한 문제 중 하나는,

제시된 사실이 기존의 의견을 뒷받침할 경우 우리가 그것을 믿을 가능성이 더 높다는 것이다. 예를 들어, 기후변화나 진화에 관한 과학적 합의가 자신의 정치적 또는 종교적 신념과 맞지 않으면, 사람들은 이를 믿지 않거나 완전히 거부하는 경향이 있다는 연구 결과를 볼 수 있다. 그러나 의견이 과학적 사실에 영향을 미치는 방식은 훨씬 더 미묘하며, 우리는 그것을 대체로 알아차리지 못한다.

우리가 사실을 찾고, 평가하고, 이해하고, 전달하고자 할 때 우리 앞의 세상에는 장애물이나 문제가 놓여 있기 마련이다. 굳이 이념적으로나 감정적으로 눈이 멀어 있거나 자신을 포함해서 누군가에게 거짓말을 하고자 하는 의도가 없을 때에도 그런 일은 일어난다. 이러한 장애물의 일부는 우리 자신의 마음에서 비롯되며, 또 다른 일부는 단순히 사물의 본질 때문이다. 우리가 정말로 포퓰리즘이 승리하는 것을 막고자 한다면, 이러한 문제들을 더 깊이 이해할 필요가 있다.

이 책의 목적

나는 우리 사회가 과학을 맹목적으로 신뢰하는 것을 깊이 우려한다. 과학은 대체로 사람들 사이에서 높은 신뢰를 얻고 있다. 내가 우려하는 것은 이러한 신뢰가 불안정한 기초 위에 놓여 있다는 것이며, 그 핵심은 사실과 의견을 구별하는 것과 관련이 있다. 예를 하나 들어보자. 도널드 트럼프가 앞에서 언급된 발언을 한 건 그가 과학적 합의에 대한 부정적인 견해를 공개적으로 드러냈던 시기로 미국의 과학 연구자들에게는 고난의 시기이기도 했다. 그 결과, 주요 과학 저널에 의견을 담은 칼럼이 실리기 시작했다.

이것은 《네이처Nature》, 《랜싯Lancet》, 《사이언티픽 아메리칸 Scientific American》과 같이, 과학적 합의를 전달하는 데 가장 영향력 있는 목소리들이 2020년 대선 후보인 조 바이든을 명시적으로 지지하는 것으로 절정에 달했다. 후자의 두 저널이 이처럼 강한 정치적 지지를 표명한 것은 초유의 일이었다. 물론 원칙적으로 이것은 논리적인 결과이기도 했다. 만약 특정한 정치적 세력의 부상이 연구에 대한 위협으로 간주된다면, 과학 저널들이 이를 대중에게 알리고 해결책을 제시하는 것은 당연한 의무라고도 볼 수 있을 것이다.

동시에 이들의 의견 표명은 예상되는 부정적인 영향을 곧바로 일으켰다. 이어진 연구에서는 《네이처》에 나온 기사를 본 트럼프 지지자들이 이 잡지를 덜 신뢰한다고 생각하게 됐음이 밝혀졌다. 이 신뢰의 상실에는 두 가지 측면이 존재한다. 첫째, 편집팀이 선택한 기사에 대해 트럼프 지지자들이 정직하고 편향되지 않은 의견을 제시한다고 믿을 가능성이 줄어들었다. 둘째, 트럼프 지지자들이 이 잡지를 만든 사람들이 과학적 문제에 대해 조언할 만한 충분한 역량을 갖고 있다고 생각할 가능성 역시 낮아졌다.

물론 이는 매우 나쁜 일이다. 아직 한 번도 내 연구 결과를 《네

이처》나 《랜싯》에 발표해본 적은 없지만(이 영예를 얻은 사람은 극소수에 불과하다), 편집진이 내 논문의 신뢰도를 떨어뜨리는 내용을 발표한다면, 아무리 극소수만 그것을 읽는다 해도 나는 매우 기분이 나쁠 것이다. 이 문제에 대한 해결책은 무엇일까? 학술지와 연구자들이 아예 정치적 영역에서 벗어나 순수한 사실만을 제시해야 할까?

나는 이 질문에 '아니요'라고 대답하겠다. 그 이유는 아주 간단하다. 사회적 관련성이 있는 경우, 마스크 착용의 예를 통해 알 수 있듯이 사실은 어쩔 수 없이 정치화될 수밖에 없다. 연구 분야에 따라 특정 행동 방침을 제시하거나 지지하는 연구 결과를 우리는 종종 볼 수 있다. (마스크가 질병을 예방한다는 연구 결과처럼) 결과적으로 마스크를 쓰는 조치에 대해 지지하는 사람들은 자연스럽게 이 사실을 인용하고 반대 측에서는 의문을 제기하게 된다. 이런 상황에서 정치와 완전히 거리를 둔 과학은 비판으로부터 자신을 방어하거나 사실이 잘못 전달됐을 때(상대편에서만 이런 일이 일어나라는 법은 없다), 이를 해명하기 위해 개입할 방법이 없다. 이것이야말로 불합리한 일이 아닐까. 또 이와는 별개로 과학은 사람이 하는 것이므로, 이 사람들에게 정치적 요소들을 완전히 배제하라고 요구하는 것은 어리석거나 심지어 부도덕할 수도 있다.

사실이 의견의 근거가 되는 것이 옳지만, 때로 의견이 사실을 다루는 방법을 결정하기도 한다. 만약 이 둘을 완전히 분리하는 것이 불가능하다면, 유일하게 바람직한 방법은 공세적인 태도를 취하는 것이다. 과학적 사실과 의견을 구별하기가 왜 그토록 어려우며, 때로 불가능하기도 한지에 대해 솔직한 토론이 필요하다는 것이다. 다시 말해 일반적으로 받아들여지는 사실에 동의하기 전에 가능한 신뢰할 수 있는 사실에 어떻게 접근할지에 대해 먼저 합의해야 할 것이다.

프레디와 이야기를 나눌 때 나는 그의 회의적인 관점에 즉각적이면서 핵심을 찌르는 방식으로 대응할 수 없었다. 오히려 여러 가지 요점을 뒤섞어 말했으므로 전체적으로는 내가 매우 혼란스러워 보였을 것이다. 그 후 나는 마음을 가라앉히고 과학적 사실과 논쟁의 여지가 있는 의견 사이의 경계를 탐색할 때 우리가 다루어야 할 문제에 대해 생각해보기로 했다. 그중 일부는 우리가 끊임없이 빠지게 되는 추론의 오류와 관련이 있다. 또 다른 부분은 과학 자체에 문제가 있다는 생각으로, 적어도 과학 연구가 실제로 어떻게 수행되고 전달되는지 아무도 우리에게 설명해준 적이 없다는 사실과 관련이 있다.

사실과 의견을 구분하기 어렵게 만드는 문제점은 수백 가지도 넘을 것이다. 하지만 한 가지 점에서 나는 프레디와 똑같다. 장황하고 철학적인 궤변에 대한 참을성이 부족하다는 점이다. 이 책에서 내가 다루고자 하는 문제는 보다 현실적인 측면에 관한 것이다. 사실과 의견 사이의 회색 지대를 이해하려면 우리는 무엇을 알아야 하고, 어디에서 신뢰할 수 있는 정보를 찾을 수 있을까?

문제는 관찰과 가설 테스트, 해석 및 전달이라는, 과학적 사실을 발견하는 과정에 해당하는 네 가지 광범위한 주제 영역으로 자연스럽게 나뉜다. 이 책은 이러한 흐름에 따라 구성됐다. 마지막으로 우리가 더 나은 판단을 내리는 데 도움이 될 수 있는 내용을 일종의 가이드 형식으로 요약해놓았다.

이제 우리 앞에는 볼로네즈 스파게티나 마시멜로, 꿀과 같은 맛난 것뿐 아니라 콜레라와 원자폭탄, 임신 중 알코올 섭취와 같은 나쁜 것들로 가득 찬 특이한 여정이 놓여 있다. 과학의 기본적인 특징 중 하나는 어떤 주제에 대해서도 다루기를 주저하지 않는다는 것이다. 그러니 이제부터 안전벨트를 꽉 매기 바란다(안전벨트가 생명을 구한다는 것은 의견이 아니라 입증된 사실이다). 우리는 처음부터 시작할 것이다. 태어나는 순간부터가 아니라 그 이전부터 말이다.

제1부
살펴보기

끊임없이 거부당하고 절망에 빠진 사람이 한탄하며 외쳤다.
"당신은 아무것도 믿지 않나요?"
"믿습니다."
내가 말했다.
"나는 증거를 믿습니다.
나는 독립적인 관찰자에 의해 입증된
관찰과 측정, 논리적 추론을 믿습니다.
아무리 황당하고 터무니없어 보이는 것이라도,
증거가 뒷받침된다면 나는 믿을 것입니다."

— 아이작 아시모프,
《방황하는 마음 The Roving Mind》

우리는 많은 것을 놓친다

쌍둥이 형제인 두 태아가 자궁 속에서 이야기를 나누는 장면을 상상해보자.

"너무 멋져!"

한 태아가 말한다.

"이곳에서의 시간이 끝나면, 우린 드디어 빛 속으로 나가 노래하고 춤추고 맘껏 먹을 수 있을 거야."

"말도 안 되는 소리!"

다른 태아가 대꾸한다.

"태어난 후에 또 다른 삶이 있다고 누가 그래? 먹고 춤을 춘다고? 웃기지 마. 우리 음식은 탯줄에서 나오는데, 걸어 다니고 춤을 추기엔 탯줄이 너무 짧단 말이야!"

"뭐, 굳이 따지고 들자면 그렇게 볼 수도 있지."

믿음이 깊은 형제(그러니까 일종의 독실한 신자 형제)가 말한다.
"하지만 태어난 후에 삶이 없다는 걸 네가 어떻게 알아?"
"아주 간단해."
자궁 속 무신론자가 대답한다.
"그곳에서 돌아온 사람이 아무도 없으니까. 모두가 엄마 얘기를 하지만, 엄마를 본 사람은 아무도 없어. 과학적으로 말하자면, 전부 말도 안 되는 개소리라고."

그러니까 이건 과학에 관한 이야기다. 솔직히 말해서, 우리 모두 과학을 좋아하지 않는가? 이 순간 반反과학 시위를 준비하고 있는 사람, '과학은 거짓말이다!'라는 문구를 적은 팻말을 이제 막 완성한 사람조차도, 예고 없이 비를 맞는 상황을 피하려고 시위하러 나가기 전에 날씨 앱을 한 번씩 확인하지 않는가?

인터넷에서 종종 볼 수 있는 이 태아들의 이야기가 전달하려는 메시지는 분명하다. 우리는 아직 태어나지 않은 두 토론자보다 더 많은 것을 알고 있다. 우리는 엄마가 실제로 존재한다는 것을 알고 있다. 우리의 존재는 출생으로 끝나지 않고, 그때부터 비로소 시작된다. 일부 유신론자들은 이 비유를 사용해 다음과 같은 주장을 하기도 한다. 이 이야기 속 엄마처럼 하나님은 우리를 둘러싸고 계시며, 또한 우리를 기다리고 있다. 다시 말해, 무신론자는 외부 세계의 존재를 부정하는 믿음 없는 태아만큼이나 큰 잘못을 저지르고 있다는 것이다. 이처럼 이들은 과학적으로 즉시 검증할 수 있는 비유를 들어 주장함으로써, 실제 진실을 거부한다. 덧붙이자면, 이들은 여기에서 하나님을 여성으로 비유하는 것이 아무렇지도 않은 듯하다. 그것을 받아들이는 데 어려움을 겪는 사람들도 꽤 많은데 말이다.

모든 비유와 마찬가지로, 이 비유에도 중요한 결점이 있다. 우리가 다른 세계로부터의 신호를 헛되이 기다리듯이, 태아도 외부 세계에 대해 전혀 알지 못한다고 가정하고 있다. 그러나 이는 사실이 아니다. 조금만 더 생각해보면, 실은 이 속에는 과학적으로 평가할 수 있는 정보가 상당히 풍부함을 알 수 있을 것이다.

아직 태어나지 않은 두 아이가 자궁 밖에서 일어나는 일에 대해서는 거의 알아채지 못한다고 가정해보자. 하지만 적어도 복부의 움직임과 진동 그리고 배를 쓰다듬는 손길을 이들은 느낄 수 있을 것이다. 어쩌면 바깥의 웅성거림도 들을 수 있을 것이다. 계속 추측해본다면, 어쩌면 이들은 탯줄을 통해 받아들이는 영양소나 빛의 차이도 감지할 수 있을지 모른다. 늦어도 임신 말기에는 태아의 뇌가 소리를 인식하고 구별할 수 있음을 우리는 연구 결과를 통해 알고 있다.

실제로 이러한 특징을 얼마나 많이 느끼고 이해할 수 있는지와 상관없이, 이들이 즉시 알아차릴 수 있는 한 가지 사실이 있다. 시간이 지남에 따라 이 모든 것이 변화한다는 것이다. 그것도 아무렇게나 변화하는 게 아니라 분명한 리듬에 따라 변화한다는 사실이다. 움직임이나 소리, 빛, 음식 섭취 등, 이 모든 것이 몇 시간 동안 줄어드는 구간이 매일 반복된다. 바로 임신부가 잠을 자는 시간이다. 이는 두 태아가 처음에는 설명할 수 없었을 중요한 관찰 사항이라 할 만하다.

그뿐이 아니다. 이 둘은 아마 말소리의 내용도 이해할 길이 없었을 것이다. 무엇보다도 아직 언어를 익히기 전이고, 게다가 자궁 안에서 바깥의 소리가 또렷하게 들릴 가능성은 거의 없기 때문이다. 하지만 소리의 내용에 대한 정보가 없더라도 몇 가지 사항은 알아차릴 수 있다. 서로 다른 시간에 다른 목소리들이 다른 크기로 들린다는 사실이다. 그중 유난히 더 크고 또렷하게 들리는 소리가 있다. 그것은 혹시 엄마의 목소리가 아닐까?

이제 충분한 관찰이 이루어졌으니, 하나의 가설을 세울 수 있다. 외부 세계에서 어떤 자극이 오고 있으며 그것들은 규칙적인 리듬을 따른다는 것이다. 엄마가 소리를 내면, 때로는 비슷한 목소리가 이에 응답하는 것처럼 보인다. 이에 대한 합리적인 설명은 다음과 같다. 바깥에는 또 다른 세상이 존재한다.

그렇다면 바깥세상을 믿는 태아와 믿지 않는 태아 중 어느 쪽이 옳을까? 과학자로서 나는 믿지 않는 태아의 판단력이 더 낫다고 생각할 수밖에 없다. 다른 사람의 이야기를 그대로 받아들이지 않고 비판적으로 질문하며, 오로지 사실에 의해서만 설득되리라고 짐작 가능하기 때문이다. 솔직히 말하면 나는 두 태아가 보다 더 나은 선택을 하기를 바란다. 그저 의견만을 교환하는 대신, 사실들을 확인해보는 것은 어떨까? 이 경우, 아주 간단한 관찰만으로도 대화는 훨씬 더 건설적으로 발전할 수 있다.

여기에서 이 두 태아는 관찰이라는 수단을 간과하고 있다. 이들의 세계에는 사실과 의견을 구별하기 위해 인식해야 할 패턴들이 있는데, 바로 그것을 무시하고 있는 것이다.

사실 '보고 듣는' 이 단순한 행위는 오늘날 자연과학의 기원이라 볼 수 있다. 고대 서양의 기록에서는 과거 그리스 철학자들이 밤하늘을 올려다보며 모든 별들이 고르게 하늘을 가로지르는 모습을 보고 기뻐했다는 이야기가 전해진다. 단, 몇 개의 예외적인 별들이 있는데, 이들은 규칙적인 궤도를 가졌지만 다른 별들과 궤도가 일치하지 않았다. 그래서 이들을 '행성Planeten'이라고 불렀다. 그리스어로 '방랑자Wanderer'를 뜻하는 단어에서 유래한 용어다.

이러한 관찰이 현대 과학의 기초로 여겨지는 이유는 우리가 주변 자연 세계에서 관찰할 수 있는 패턴을 기록하고, 이를 통해 배움을 얻으려 했기 때문이다. 그 시기의 기록과 결론의 일부는 여전히 글로 남아 있기 때문에, 그 순간이 당시 사람들이 자연의 규칙성을 기록하고 해석하려는 생각을 처음으로 떠올린 때가 아닐까 하고 추측할 수 있다.

물론 이전에도 이런 일이 있었다. 고대 그리스에 시장과 지식 아카데미가 생기기 수천 년 전에도 세계 곳곳의 사람들은 매일 패턴화된 지식에 의존하는 삶을 살아왔다. 외계 행성인이라면 모르겠지만, 자신이 사는 지역의 계절 흐름을 충분히 읽지 못하는 신석기 시대 농부들은 한 해 농사에 성공할 가능성이 거의 없었을 것이다. 그보다 훨씬 전부터 구석기 시대 수렵 채집인은 동식물 세계의 행동 패턴을 인식하고 이용하기 위해 자연의 신호를 읽고 해석하는 법을 배워야 했다. 다시 말해, 인류는 현대의 기록이 우리에게 전해지기 훨씬 전부터 과학적 원리를 적용하고 있었던 셈이다. 아리스토텔레스도 물론 존경받아야 마땅한 위인이지만, 나는 숫자를 표시하기 위해 나뭇조각에 홈을 처음 새긴 사람이나 중요한 상황을 묘사하기 위해 모래 위에 지도를 처음 그린 사람이 누구인지 그 이름을 알고 싶다.

우리 인간은 아주 오래전부터 이러한 관찰이 본질적으로 중요하다는 것을 알고 있었다. 하지만 오랜 시간이 지난 지금도 우리는 여전히 제대로 관찰하는 데 서투르다. 다시 말해, 자신이 속한 환경과 세상을 있는 그대로 인식하기란 어려운 것이다. 그 이유 중 하나는 과학적으로 타당한 관찰을 하는 능력이 우리의 본성이 아니며 노력으로 얻어지는 것이기 때문이다. 여러분 스스로 실험해볼 수 있는 예를 하나 들어보겠다.

우리는 관찰도 기억도 잘 하지 못한다

세계를 인식하는 데 근본적으로 결함이 있다는 우리의 문제를 설명하기 위해, 나는 프레디에게 다음과 같은 작은 과제를 내주었다.

"내가 지난주 화요일 저녁에 있었던 일을 자네에게 이야기한다고 상상해보게. 꽤 지루한 이야기겠지. 단 하나 이 이야기가 흥미로운 이유는, 그 시간에 범죄가 발생해서 나중에 경찰이 그때 내가 무엇을 했는지 물어볼 것이기 때문이라네. 어떤 종류의 범죄인지, 범죄를 내가 저질렀는지 여부는 중요하지 않네. 몇 주 후에 자네가 법정에서 증언하려면 내가 하는 말을 주의 깊게 들어야 하겠지. 자, 준비됐는가? 그럼 시작해보겠네. 화요일에 나는 집에서 멀지 않은 곳에 있는 이탈리아 식당에 갔네. 정확히 오후 7시에 도착했지. 괜찮은 곳이었지만, 가격이 조금 비싸더군. 나는 그날의 스페셜 메뉴인 볼로네즈 스파게티를 주문하고, 제로 콜라 두 잔을 마셨지. 저녁 9시 30분쯤에 계산을 마치고, 팁을 넉넉히 주고, 곧바로 집으로 돌아왔다네."

지금까지 내용은 모두 잘 이해됐는가? 다시 한번 읽어보길 바란다. 잠시 후 이에 대해 자세히 질문을 할 예정이므로, 가능한 정확하게 모든 내용을 기억하길 바란다.

내가 여기에서 강조하고자 하는 것은 (프레디도 이 예시에서 이해한 바와 같이) 목격자 증언에 관한 것이다. 목격자 증언의 심리에 대해 이야기할 때, 우리는 엘리자베스 로프터스 Elizabeth Loftus로부터 시작해야 한다. 수십 년 동안 기억에 관한 연구로 전설적인 명망을 떨쳤던 이 미국 심리학자는 지금도 캘리포니아에서 학생들을 가르치고 있다. 그리고 많은 전설적 인물이 그러하듯 그녀도 어느 순간 결국 선을 넘어섰다.

로프터스에 따르면, 그녀의 연구는 이마누엘 칸트의 개념에서 영감을 받았다. 칸트의 인식에 대한 개념을 바탕으로 로프터스는 사건에 대한 기억이 실제 사건이 발생한 후에야 밝혀지는 것들로 바뀔 수 있는지를 생각해보았다. (20년 후, 데이비드 린치 David Lynch 감독의 영화 《로스트 하이웨이 Lost Highway》에서 주인공 프레드 매디슨이 감시 카메라를 거부하면서 내뱉는 대사 속에 로프터스의 흔적이 강하게 배어 있는 것을 볼 수 있다. "나는 내 방식으로 기억하겠어요. 내가 기억하는 방식은 실제 일어난 방식과 반드시 일치하는 것은 아닙니다.")

이를 현실에서 실험해보기 위해 로프터스는 실험 대상자들에게 자동차 사고를 묘사한 여러 장의 사진을 보여주었다. 빨간색 닷선^{Datsun} 자동차가 '정지' 표지판 앞에 서 있다가 얼마 지나지 않아 보행자 구역을 침범하는 사진이었다. 이후 실험 참가자들에게 무슨 일이 있었는지 설문지에 답해달라고 요청했다. 여기까지는 괜찮았다. 그런데 설문지 속 질문 중 하나는 "'일시 정지' 표지판을 보고도 빨간색 닷슨을 지나친 다른 차량이 있었는가?"였다. 다시 말해 엉뚱한 표지판에 대해 질문했다. 그런 다음, 이번에는 실험 방식을 바꾸어서 일부 실험 대상자들에게 '일시 정지' 표지판을 보여주고는 정작 질문은 '정지' 표지판에 대해 던졌다. 이후에도 이런저런 질문을 던졌다. 그중 하나는 사진에 있는 표지판이 정지 표지판인지, 아니면 일시 정지 표지판인지 선택하라는 질문이었다. 결과는 예상한 대로였다. 칸트나 데이비드 린치가 예상한 바와는 달랐지만, 절반 이상의 사람들이 잘못된 표지판을 기억하도록 하는 속임수에 넘어갔다.

    이것은 언뜻 보기에 매우 나쁜 결말로 여겨진다. 누군가가 법정에서 진술하는 상황에서 검사나 변호사가 질문할 때 질문 자체에 잘못된 정보를 포함시킨다고 상상해보라. 이로 인해 피고인이 기억하는 내용이 달라질 수 있지 않을까? 정답은 '그렇다, 상황에 따라 달라질 수 있다'이다. 이것이 확실한 기억의 핵심에는 영향을 미치지는 않고, 관찰 대상자에게는 중요하지 않은 것처럼 보이지만 사건에서 중요한 역할을 하는 세부 사항을 바꾸는 것은 가능하다.

    사건이 발생한 후 경과한 시간도 영향을 미친다. 로프터스는 사람들이 관찰한 것을 기억해야 하는 시간을 0분(즉, 관찰 직후에 직접 질문하는 경우)에서 20분, 1일, 2일 또는 일주일까지 매우 다양하게 설정해 실험했다. 잘못된 정보를 제시한 것은 관찰 직후 또는 마지막 인터뷰 직전이었다. 사람들은 장기간 기억해야 하는 경우 가장 많은 오류를 범했지만, 인터뷰 직전에 혼란스러워하는 경우가 가장 많았다. 이는 법원에서 사건을 다루는 방식과 똑같다. 관계자들은 장기간에 걸쳐 무언가를 기억해야 하고, 심문의 유형에 따라 영향을 받게 된다.

실제로 결과가 걱정스러울 정도이지만 심리적으로 느끼기에는 그리 놀랍지 않다. 우리의 기억은 하드 디스크에서 데이터를 검색하는 것과는 다르기 때문이다. 하드 디스크에서는 원하는 데이터를 모두 찾을 수 있거나 아니면 못 찾든가 둘 중 하나이고, 검색해서 찾는 정보는 변하지 않은 상태로 남아 있다. 그러므로 우리가 기억 속에서 무엇인가를 끄집어내는 과정을 나는 레고 모델 만들기와 비교하고 싶다.

기억은 뇌의 여러 부분이 관여하는 능동적인 과정이다. 빨간색 닷선 자동차가 실제로 어떤 모습인지 또는 앞서 언급한 데이비드 린치 감독의 영화 제목이 무엇인지 묻는 질문을 받으면, 우리의 뇌는 먼저 그것과 관련이 없는 부분(예를 들어, 다른 브랜드의 빨간색 자동차나 린치 감독이 만든 다른 영화 제목)을 수집한다. 그런 다음 최종적으로 완성된 기억은 개별 부품으로 구성되고 최대한 형태를 갖춘 레고 세트와 같게 된다. 하지만 누군가 우리에게 가짜 벽돌을 슬쩍

건네준다면, 그 벽돌은 어떤 형태로든 레고 모델에 섞이게 될 위험이 생긴다. 다시 말해, 우리의 기억에도 오류가 생긴다. 일상 속에서 이는 크게 문제가 되지 않지만, 법정에서는 문제가 될 수 있다.

미국에 기반을 둔 단체 '무죄 프로젝트Innocence Project'가 수집한 수치를 보면, 이 문제의 전체적인 규모를 보다 선명하게 알 수 있다. 비영리단체인 이곳은 부당하게 유죄판결을 받은 사람들의 지원을 목표로 한다. 물론 유죄판결을 받은 사람들의 대다수가 유죄라는 사실은 의심할 여지가 없다. 유죄판결을 받은 일부 범죄자들은 마치 자신이 잘못 투옥됐다는 듯 행동함으로써 이득을 취하기도 한다. 그럼에도 불구하고, 법의 오판이 있었음을 증명함으로써 무죄 프로젝트가 누군가의 자유를 되찾아 준 사례는 놀라울 정도로 많다. 미국은 아직도 사형제도가 있는 나라이므로, 이 중에는 사형 집행을 기다리고 있던 사람들도 포함됐음을 언급하지 않을 수 없다. 무죄인데도 불구하고 사형수가 된다는 것은 무서운 일이 아닌가.

무죄 프로젝트에 큰 영향을 미친 것은 최근 수십 년 동안 발전한 DNA 분석 기술이었다. DNA 흔적(예를 들어, 범죄 현장에서 발견된 머리카락이나 체액 등)은 분석되기 전 수년간 종종 방치돼 있곤 한다. DNA 흔적은 신속하게 수집되고 저장되지만, 이를 평가하는 데는 시간과 비용이 필요해서다. PCR 검사는 조직 샘플을 특정 개인과 일치시키는 데 사용되는 유전자 지문을 얻는 데 사용된다. 팬데믹 당시의 상황을 정확히 기억하는 사람이라면 누구나 PCR 검사 결과가 빠르게 나오지 않으며, 실험실에서 시간이 걸리는 절차임을 알고 있다. 하지만 최근 이 기술은 더 빠르고 저렴해졌기 때문에 오래된 샘플을 다시 꺼내서 분석하는 작업을 시도해볼 만한 가치가 커졌다.

이 때문에 뜻밖의 결과가 나오는 경우가 생기게 됐다. 1989년 초에 DNA 검사의 도움으로 무죄판결을 받은 사람이 최초로 나왔다. 무죄 프로젝트에 따르면, 이후 지금까지 미국에서만 이런 경우가 374건이나 발생했다. 이 모든 경우에, 조직 샘플을 사용해 유죄판결을 받은 사람이 실제로는 범죄에 관여하지 않았음을 증명하거나, 진짜 범인을 찾아낼 수 있었다. DNA 분석에도 함정이 존재하는 것은 사실이지만(이 부분에 대해서는 나중에 자세히 설명하겠다), 적어도 이 수백 건의 경우를 보자면, 모호한 목격자 진술을 확실한 데이터로 반증하는 작업이 반드시 필요한 것으로 보인다.

잘못된 유죄판결의 일부는 정보 제공자의 거짓 자백이나 거짓 진술 때문이기도 했지만, 3분의 2 이상의 사건에서 실제로는 목격자 증언이 문제였다. 다만, 좋은 소식은 앞으로 이런 문제가 더 나아질 전망이 보인다는 것이다! 몇 년 전의 한 연구에 따르면, 법의학적인 목격자 증언은 신뢰도가 낮다고 볼 수 있지만, 이를 올바른 상식으로 사용한다면 실제로 매우 신뢰할 수 있는 자료로 삼을 수 있다. 그렇게 하기 위해서는 목격자 증언을 할 사람이 특별한 훈련을 거쳐야 한다. 로프터스 연구에서 결론을 내릴 수 있듯이, 질문자는 실수로 잘못된 정보를 끼워 넣어서는 안 된다. 또한, 자신이 알고 있다고 생각하는 답을 끌어내기 위해 유도성 질문을 하지 않도록 매우 주의해야 한다("혹시 다른 사람이 아닐까요?"). 또 다른 중요한 점은 증인이 어느 진술을 확신하며 어느 진술에 대해 확신이 없는지를 알아채고 이에 따라 진술의 가중치를 부여하는 일이다. 이 모든 문제를 신중하게 고려한다면, 목격자 진술을 신뢰할 수 없다는 사회심리학의 오랜 통념에서 벗어나 앞으로는 희망을 가질 수 있을 것이다.

나는 엘리자베스 로프터스가 어떤 면에서 길을 잃은 것 같다고 말한 바 있다. 그녀의 연구가 매우 표적화된 방식으로 목격자 진술의 신뢰도를 떨어뜨리는 데 사용될 수 있기 때문이다. 끔찍한 범죄들은 종종 사적인 공간에서 발생하므로 법정에서는 증언에 반하는 증언이 이루어질 수도 있다. 저명한 연구에서 피해자 진술을 신뢰할 수 없다고 간주하는 것은 때때로 가해자에게 유리할 수 있다. 특히 로프터스는 다른 연구에서 거짓된 부정적인 기억을 피실험자에게 심어주려 시도한 적(예를 들어, 어렸을 때 부모를 잃어버렸다는)이 있다는 점에서 더욱 그렇다. 이를 바탕으로 법정에서 피해자가 주장하는 부정적인 기억을 상상의 산물로 쉽게 치부해버릴 수도 있으며, 이는 결과적으로 가해자를 보호하는 결과를 가져올 수 있다.

잘못을 저지른 편의 박수와 환호를 받는 것이 자신의 책임은 아니라고 로프터스가 항변할 수도 있다. 그러나 연구원이 법정에서 가장 악랄한 범죄자의 변호를 돕는 전문 증인으로 나선다면, 더 이상 그런 변명은 통하지 않는다. 하비 와인스타인Harvey Weinstein부터 수십 명의 희생자를 낸 연쇄살인범 테드 번디Ted Bundy, 흑인 남성 로드니 킹Rodney King을 구타한 경찰관들에 이르기까지 로프터스는 수많은 범죄자를 변호했다. 로프터스에 따르면, 이들을 변호하는 데 시간당 최대 500달러를 받는다고 한다. 도덕적 문제와 과학적 문제가 이처럼 밀접하게 얽혀 있는 경우도 드물 것이다.

목격자 진술이 조작될 수 있다는 사실을 잊지 않는 것은 매우 중요하다. 그렇다고 해서 이것이 목격자 진술이 근본적으로 틀렸음을 의미하지는 않는다. 우리 사회가 해야 할 일은 목격자 기록을 최대한 신뢰성 있게 기록할 수 있는 시스템을 만드는 것이다. 그렇게 함으로써 피해자를 보호하는 동시에 무고한 사람들이 대신 유죄판결을 받고 가해자가 빠져나가는 것을 방지할 수 있다.

다시 화요일 밤의 레스토랑으로 돌아가보자. 아직 이야기가 남아 있으니 말이다. 당신이 법정에서 내가 그날 저녁에 대해 한 말을 증언한다고 상상해보라. 검사가 묻는다.

"그날 저녁에 옌스 포엘 씨는 이탈리아 레스토랑에서 무엇을 먹었습니까?"

당신은 대답은 무엇일까? 아마도 당신은 볼로네즈 스파게티라고 말할 것이다. 그 이야기에서 언급된 유일한 요리가 볼로네즈 스파게티였으니까 말이다. 하지만 나는 실제로 먹었다고 말하지 않았고, 주문했다고만 말했다. 물론 대부분의 경우에 우리는 식당에 가서 음식을 주문하고 그 음식을 먹는다. 그러나 평범한 식당 방문이 아니라면 어떨까?

예를 들어, 나는 팁을 아주 넉넉하게 주었다고 언급했다. 혹시 스파게티를 돌려보냈기 때문일까, 아니면 다른 사람 음식도 주문한 건 아닐까? 내 진술에 따르면, 나는 식당에서 무려 2시간 30분을 보냈으니, 아마 혼자 있지는 않은 것 같다. 따라서 간단한 설명이 몇 가지 질문을 불러일으킨다. 확실한 것은 내가 여러분에게 무언가를 숨기는 듯하다는 것뿐이며, 그날 저녁에 볼로네즈 스파게티를 먹었다는 주장은 한 적도 없다.

당신의 관찰력이 부족하거나, 관찰한 것을 기억하는 능력이 부족하거나 둘 중 하나일 것이다. 당신이 뭔가 속은 듯한 기분이 든다면, 그건 분명 내가 속임수를 써서다. 나는 '식당에서 음식을 주문하는 것'과 '실제로 그 음식을 먹는 것' 사이의 연관성이 매우 강하다는 것, 따라서 우리의 뇌는 보통 두 가지 진술을 혼동하거나 두 진술의 차이를 인식하기 어려워한다는 점을 이용했다. 이 예시에서처럼 두 진술 사이에 차이가 있는 경우라면, 그 틈은 대개 무의식적인 예상으로 채워지기 마련이다. 이는 인지하는 시점에 발생할 수도 있고, 나중에 회상할 때 일어날 수도 있다.

이러한 약점이 있긴 하지만, 목격자 진술에 관한 연구에서 보자면 적어도 당신은 혼자가 아니다. 이러한 기억의 부정확성에는 여러 가지 이유가 있다.

첫째, 우리는 기록 장치가 아니다. 진화의 산물이기도 한 우리의 기억은 생존을 위한 최소한의 기능으로 작동된다. 그것만으로도 매우 신기한 일이지만(어린 시절 가장 친한 친구의 전화번호를 아직도 기억하는 사람들이 있다면 찬사를!), 그렇다고 기억이 완벽한 것은 아니다.

다음에는 주의 집중의 문제, 정확히 말하자면 동기라는 요소가 있다. 우리 모두는 배가 몹시 고플 때 길을 걷다 보면 빵집이나 식당만 눈에 들어오는 경험을 한 적이 있다. 이 문제는 극단적인 상황에서 더욱 강화된다. 예를 들어, 내 친구 중에는 보석 가게에서 강도로부터 칼로 위협을 당하고 강탈을 당한 적이 있다. 범죄를 당한 직후 경찰에게 범인에 대해 설명해야 했을 때, 그녀는 기본적인 것조차 기억하지 못해서 크게 당황했다고 한다. 범인이 장갑을 끼고 있었는지 여부에 대한 질문에 그녀는 잘 모르겠다고 말했고 심한 수치심을 느껴야 했다. 다행히도 나는 그것이 전혀 잘못이 아니라는 말로 친구를 안심시켜주었다. 그녀는 잘못이 없다. 우리 대부분의 기억이 그 상황에서는 비슷하게 작용할 것이다. 친구는 단지 극심한 스트레스 상황에서 우리의 인지 기능이 어떻게 작동하는지 경험했을 뿐이었다. 나는 그녀에게 칼에 대한 세부 사항을 기억할 수 있는지 물어보았다. 친구는 칼에 대해서는 모든 것을 기억하고 있었다. 왜냐하면 당시 친구의 모든 감각은 그 칼에 집중돼 있었기 때문이다. 그 순간에 그 칼은 치명적인 무기였기 때문에, 누가 그것을 들고 있는지, 칼을 든 사람이 장갑을 끼고 있는지는 상관이 없었다. 그녀의 모든 감각은 그 한 물체에 집중돼 있었다.

요약하자면, 우리의 지각과 기억력은 그리 좋지 않다. 우리가 생각하는 것보다 훨씬 좋지 않다. 따라서 우리는 사실을 확립할 때

다음과 같은 두 번째 근본적인 문제에 직면하게 된다. 우리에겐 관찰력과 기억력이 결여돼 있다는 문제다. 앞서 언급한, 화요일 밤의 레스토랑 방문 예시는 우리가 듣는 것과 기억하는 것 사이의 간극을 스스로 메움을 보여준다. 정지 표지판의 예를 보더라도 기억은 지속되기는커녕 의도적이건 비의도적이건 이후에 다른 영향을 받아 왜곡될 수 있음을 알 수 있다. 마지막으로 강도 사건의 예를 통해 우리는 인식이 항상 일정하게 작동하지 않으며, 상황에 따라 뇌가 현재 가장 중요하다고 생각하는 것에 집중함을 알 수 있다.

이렇게 정리해보면, 실제로 정보가 불완전하고 수많은 사람들의 입에서 계속해서 회자되는, 2001년 9·11 테러나 1986년 우주왕복선 챌린저호의 폭발과 같은 사회적으로 충격적인 사건에 대한 기억의 신뢰성은 훨씬 낮음을 알 수 있다. 심리학자들은 두 사건과 관련한 사람들의 기억을 조사하고 시간이 지남에 따라 기억이 어떻게 변화하는지 확인했다. 예를 들어, 9월 11일에 일어난 테러 사건[4]에 대해, 사람들에게 사건 자체에 대한 질문을 던졌다(비행기는 몇 대였습니까? 비행기가 쌍둥이 타워를 강타한 지역은 어디였습니까? 당시 미국 대통령은 어디에 있었을까요?). 뿐만 아니라 그 사건에 대해 개인적으로 어떻게 느꼈는지도 조사했다. 한 가지 눈에 띄는 결과는 그러한 사건에 대한 기억이 미디어에서 다루어지는 비율과 거의 정확히 같은 속도로 감소한다는 그래프 자료였다. 이후에 보도된 언론의 자료가 엄청나게 다양했으므로 이는 연구에 불리하게 작용했다. 이로 인해 다른 연구 결과와 이들 진술의 결과를 비교하기가 어려워졌다.

다른 한편으로, 기억력과 언론 보도 사이의 이 상관관계는 다소 상응되는 측면도 있다. 우리가 이러한 일들을 함께 경험할 뿐만 아니라 함께 잊어버린다는 점이다. 나는 비슷한 생각을 프레디에게 설명하려 했다. 물론 자세히 이야기하지도 않았고, 연구 결과들을 모두 열거하지도 않았다. 프레디는 "그럴 수 있지"라고 대답했다. 하지만 내가 예로 든 상황들은 모두 수십 년 전에 일어난 일이었고, 오늘날 세상에서는 더 이상 적용되지 않는다고 그가 말했다. 큰 사건이 일어나면, 좋든 나쁘든 사람들은 모두 휴대폰을 꺼내서 그 순간을 기록한다는 것이다. 당시 사람들의 개인적인 감정을 알고 싶다면 옛날 이메일이나 왓츠앱WhatsApp 메시지를 찾아보면 된다. 우리의 관찰 능력은 제한적일 수 있지만, 주관적인 인식이나 변할 수 있는 기억(다시 말해, 의견)과 흐린 휴대폰 속 영상이나 시간이 기록돼 있는 왓츠앱 메시지 같은 객관적인 사실 사이에는 여전히 큰 차이가 있다고 했다.

나는 원칙적으로 그 말에 동의한다. 기록은 어떤 형태이건 잘못된 인식과 기억에 대한 최고의 해결책이 될 수 있다. 과학의 가장 기본적이고 중요한 성과 중 하나는 실험실 노트다. 종이에 적힌 문서든 클라우드에 저장된 전자 문서든, 빈 페이지가 있든 채워야 할 표가 있든 상관없이 여기에는 한 가지 공통점이 있다. 그것은 언제 어떤 조건에서 무엇이 일어났는지를 가능한 정확하게 기록한 것이라는 사실이다. 나는 이것을 주로 두 가지 상황에서 접했다. MRI 스캐너를 작동시킬 때와 그 결과 데이터를 평가할 때다. 두 경우 모두 동일한 장비를 서로 다른 연구자들이 다루었으므로, 언제 어떤 설정이 변경됐는지, 어떤 알 수 없는 오류가 발생했는지를 정확하게 기록하는 것이 필요했다. 하지만 실험실에 오직 한 사람밖에 없다 하더라도, 언제든지 찾을 수 있고 명확하게 관리할 수 있는 실험실 노트는 필요하다. 왜냐하면 아무리 사소한 내용이라도 자신의 감각에만 의존한다면, 그것은 자연과학의 태도에서 벗어나기 때문이다.

기록이 필요하다는 것은 분명하지만, 그렇게 간단한 문제는 아니다. 한편으로, 만약 우리가 이 논리를 따른다면, 사실을 중시하는 사람으로서 우리는 기억 속에만 존재하는 것들은 모조리 거부해야 한다. 물론 이는 과장된 주장이기도 하다. 왜냐하면 우리는 비록 기록하지는 않더라도 우리가 생각하는 대로 일어난 일들을 기억하기 때문이다. 우리의 기억이 완벽하지 않고, 우리가 생각하는 것만큼 신뢰할 수 없다고 해서 그것이 매우 중요하지 않다는 의미는 아니다. 반면, 객관적인 기록과 과학적 측정도 나름대로의 문제를 가지고 있다.

그렇다면 관찰과 측정의 차이는 무엇일까?

관찰과 측정

자연과학 역사상 가장 중요한 관찰의 예를 들자면, 아이작 뉴턴이 빠질 수 없다. 뉴턴은 어느 날 사과가 머리 위로 떨어지는 것을 보고 영감을 얻어서 중력 이론을 만들었다고 한다. 우리 모두가 좋아하는 이야기다. 일부 과학자들은 이 나무를 지나치게 소중하게 여긴 나머지, 2010년에 사과나무의 일부 조각을 우주왕복선 아틀란티스에 실어 궤도를 12일 동안 돌게 하기도 했다. 놀랍지 않은가!

어떻게 보면 이 이야기는 현실과 거의 동떨어진 일종의 전설처럼 들리기도 한다. 1831년 초에 뉴턴의 전기를 썼던 작가는 이 일이 실제로 일어났는지 의심했는데, 당시에는 이미 문제의 사과나무가 쓰러지고 난 이후였다. 어쩌면 뉴턴은 그저 야외 정원에 앉아서 사과를 땅에 떨어지게 한 힘이 지엽적인 것인지, 아니면 보편적인 힘인지를 숙고하고 있었을지도 모른다. 물론 살짝 흥미가 떨어지는 이야기이긴 하다. 그런데 뉴턴이 중력에 대한 발견을 하게 된 실제 상황은 꽤 기묘하다. 그것은 덴마크 천문학자인 튀코 브라헤Tycho Brahe에서 시작된다. 그는 행성의 위치와 움직임을 매우 생생하고 정확하게 관찰해, 독일 천문학자 요하네스 케플러Johannes Kepler가 명확한 규칙을 도출할 수 있도록 이끌었다. 뉴턴은 케플러의 결과를 보고 행성들 사이에 인력이 작용한다고 가정하면, 중력 이론을 설명할 수 있다는 결론을 내렸다. 이렇게 중력 이론이 탄생했고, 그와 함께 현대 자연과학의 기초가 마련됐다.

이러한 전개는 실제로 매우 깔끔하다. 그런데 이상한 점이 어디에 있다는 것일까? 이는 튀코 브라헤가 죽고 나서 411년이 지난 최근에 와서야 그의 수염 10개를 새롭게 조사한다는 사실과 관련 있다. 왜 그랬을까? 이것은 케플러에 대한 불쾌한 소문과 연관되어 있다. 케플러는 브라헤가 갑작스럽고 예기치 않게 죽음을 맞이했던 당시 그와 함께 일하고 있었다. 케플러는 자신의 아이디어에 따라 공동 작업을 마무리하고, 그를 전설로 만들었으며 뉴턴에게 영감을 준 케플러의 행성 운동 법칙을 발표하려 하고 있었다. 동료 과학자의 예상치 못한 죽음 이후에 케플러가 중요한 과학적 성과를 거두었다는 점, 케플러와 덴마크 동료와의 관계가 그리 좋지 않았다는 점을 고려하면, 케플러가 브라헤를 독살했다는 의심도 드는 것이다. 적어도 이 설명은 어느 정도는 기존의 설명보다 더 그럴듯하게 들린다. 일화에 따르면, 황제가 참석한 연회에서 브라헤는 예의상 화장실에 가는 것을 참다가, 결국 방광이 파열돼서 사망에 이르렀다고 한다. 그런 일이 일어날 가능성은 전혀 없다고 할 수는 없지만 (원인을 알 수 없는 방광 파열 사례가 몇 건 있었으며, 이 경우 사망에 이르는 경우도 많다), 어쩐지 미심쩍기만 하다. 살인을 은폐하기 위한 변명처럼 들리지 않는가?

진상을 명확히 밝히기 위해 튀코 브라헤가 사망한 지 정확히 300년 후인 1901년에 그와 그의 아내의 유해가 발굴됐다. 오랜 시간이 지난 후에도 브라헤의 해골은 여전히 쉽게 식별할 수 있었다. 살아 있을 때 코에 구리로 된 보철을 걸고 있던 그의 두개골에는 구리 잔여물이 남아 있었던 것이다. 유해 발굴 과정에서 앞서 언급한 수염도 수집됐다. 독성 물질 검사를 진행하자 그의 수염에서 케플러가 쉽게 접할 수 있었던 강력한 독극물인 수은 잔류물이 발견됐다. 세상에! 정말로 우리가 사랑하는 케플러가 냉혈한 암살자였던 것일까? 그러다가 2012년에 모든 것이 명확하게 밝혀졌다. 면밀히 조사한 결과, 수은이 수염에 남아 있긴 했으나 뿌리가 아니라 수염 바깥층에만 존재했음이 밝혀졌다. 따라서 브라헤는 독살당한 것이 아니라 실험 중에 독극 물질을 흡수했을 가능성이 더 큰 것으로 보인다. 연구자들은 이 연구를 통해 브라헤가 실제로 어떤 이유로 사망했는지는 밝혀내진 못했지만, 케플러가 그를 독살했다는 주장에는 분명히 선을 그었다.

다시 본론으로 돌아가보자. 뉴턴의 사과 이야기는 관찰에 대한 것이고, 브라헤의 수염 속 수은 입자 분석은 측정에 대한 것이라고 볼 수 있다. 그러나 이 두 가지 활동 사이에 정확한 경계가 있는지는 논쟁의 여지가 많다. 어떤 사람들은 과학에서 관찰과 측정을 구분하는 것은 전혀 의미가 없다고 생각하기도 한다. 또 어떤 사람들은 양적 차이에 주목한다. 다시 말해, 관찰한 것을 단위(센티미터, 초, 발생 빈도)로 환산할 수 있다면, 그것은 더 이상 관찰이 아니라 측정이라는 것이다. 개인적으로 나는 이러한 정의가 꽤 마음에 든다.

이런 맥락에서 뉴턴에 대해서는 이만 이야기를 줄이고, 거의 유레카의 순간에 가까운 관찰을 경험한 찰스 다윈에 대해 이야기를 해보자. 다윈은 동물과 식물 그리고 이들의 환경 사이의 유사성을 설명했다. 이러한 관찰을 통해 그는 생명체가 환경에 더 잘 적응하도록 해주는 발달 과정이 일어났으리라고 추측했고, 여기에서 진화론이 탄생했다. 이러한 관점에서 보면, 행성의 움직임에 대한 관찰이 그러하듯이 순수하고 온전한 관찰은 과학의 한 분야를 형성하는 기초가 됐다. 그러나 이 분야에서도 과학의 역사에서 중요한 사건들이 실제로 기록한 것처럼 발생했는지에 대해서는 여전히 논란의 여지가 있다. 어떤 사람들은 다윈이 자신이 관찰한 상황에 대해 특정한 선입견을 가지고 개입했다는 주장을 하기도 한다. 그가 완전히 열린 태도, 즉 이론을 내세우지 않고 관찰했다고 주장한 것은 이후의 일이라는 주장이다. 이를 뒷받침하는 의심스러운 사실 중 하나는 그가 사람들에게 바로 그 접근 방식을 제안했다는 것이다.

"이론이 관찰을 인도해야 합니다."

우리는 선입견이 관찰에 얼마나 강하게 영향을 미칠 수 있는지, 또 영향을 미치는지에 대한 질문으로 다시 돌아갈 것이다. 사실, 연구가 이러한 관찰로만 축소된다고 해도, 다시 말해 단순히 자연스럽게 관찰하고 기록해야 하는 과정으로 귀결된다 하더라도, 과학은 여전히 놀라운 성과를 달성한다. 예를 들어, 세계에서 가장 큰 호수에는 관찰이 거의 불가능한 입자를 들여다볼 수 있는 망원경이 있다는 사실을 아는가? 물속에 최대한 깊이 우주 망원경을 설치하는 것이 조금 이상하게 보일 수도 있지만, 이것이 바이칼 기가톤 볼륨 검출기[5]의 흥미로운 부분이다. 이 망원경이 찾는 것을 발견하는 데 가장 좋은 매개체가 물이기 때문이다. 관찰하는 물의 양은 많을수록 좋다. 바이칼 호수의 얼음 표면 아래로 거대한 시설이 가라앉은 것은 바로 이 때문이었다. 바이칼 호수는 수심 700미터에서 시작해 수심 1,240미터까지 이어진다.

이 장치의 목적은 소위 중성미자Neutrinos를 찾는 것이다. 중성미자는 대부분 우주에서 유래한 것으로, 너무 작고 빠르며, 거의 어떤 것과도 반응하지 않으므로 측정하기 어려운 입자다. 우리가 아는 한, 중성미자는 매 순간 1조 번씩 우리를 통과한다. 롤랜드 에머리히Roland Emmerich 감독의 영화 〈2012〉에서는 이 중성미자가 '새로운 유형의 입자로 변이'돼 결국 모든 것들과 강력하게 반응을 일으키고, 그 결과 전 세계가 거의 붕괴된다. 하지만 내가 물리학의 법칙을 이해하기로는, 그런 일이 일어날 걱정은 하지 않아도 된다. 진짜 문제는 그렇게 관측하기 어려운 물질이 있다면, 그것이 존재함을 어떻게 알 수 있느냐는 것이다. 왜 누군가가 그것을 탐지하는 장치를 만들어 바이칼 호수 아래로 가라앉히자는 아이디어를 생각해냈을까? (바이칼 호수의 거대한 GVD가 최초의 중성미자 망원경이라고 할 수는 없다.)

물리학 역사상 가장 재미있는 공개서한 중 하나로 꼽히는 이 서한은 1930년 12월 4일자로 쓰여 있으며 '친애하는 방사능 신사 숙녀 여러분'이라는 문장으로 시작된다. 오스트리아 물리학자 볼프강 파울리Wolfgang Pauli가 튀빙겐에서 열린 학회에서 동료들에게 보낸 편지이다. 그가 편지를 쓴 이유는 '거짓 통계'라고 부르는 것에 대한 우려 때문이었다. 간단히 말해, 관측된 에너지의 일부가 단순히 사라지는 것처럼 보이는 연구 과정에 관한 내용이었다. 하지만 이 현상은 에너지 보존 법칙과 양립될 수 없었다. 이는 물리학에서 매우 근본적인 원칙이므로 일반적으로는 이에 반대되는 증거를 찾지 못한 것이 아니라, 일종의 실수로 인한 현상으로 여겨졌다.

첫째, 물리학의 에너지 보존 법칙이 성립하고, 반복된 실험들에서 계속해서 신비로운 에너지 손실 현상이 일어났다면 이를 설명할 수 있는 세 번째 요소는 무엇일까? 파울리는 그가 쓴 편지에서 이를 '절박한 해결책'이라고 부르자고 제안했다. 그것은 바로 사라진 에너지를 가져가는 미지의 입자였다. 파울리는 이 입자가 주변을 맴도는 물질에 관여하지 않는다는 이유로 그것을 중성자라고 불렀다. 그는 편지에 이렇게 썼다.

"저는 처음에는 이 해결책이 별로 가능성이 없다고 생각했습니다. 중성자가 정말 존재한다면 이미 오래전에 발견됐을 테니까요."

그리고 이렇게 덧붙였다.

"하지만 지금은 이 생각에 대해 어떻게든 발표할 용기가 없습니다."

그 편지가 쓰인 지 몇 년 후, 또 다른 신비한 입자가 발견됐고, 이 입자는 '중성자Neutron'라는 당당한 이름을 얻어서 그렇게 불리게 됐다. 반면에, 파울리의 중성자는 이탈리아 물리학자 엔리코 페르미Enrico Fermi가 '중성미자'라는 작은 이름으로 격하했고, 오늘날까지 이 이름으로 불리게 됐다.

망원경이나 연필, 종이와 같은 수단을 사용하고, 탐지기를 만들어 호수에 가라앉혀서 측정함으로써 인간 인식의 한계를 보완할 때, 우리는 종종 놀랄 만한 것들을 관찰하게 된다. 나는 고전적인 괴짜 만화인 《왓치맨Watchman》에 등장하는 닥터 맨해튼의 말을 가끔 떠올리곤 한다.

"너무 작고 너무 빨리 일어나는 사건을 목격했기 때문에, 그 사건이 실제로 일어났는지가 의심스러울 정도예요."

이것이 바로 과학이 이룩한 놀라운 업적이다. 그런데 이 책이 과학에 대한 찬양에 불과하다면, 우리는 여기에서 굳이 계속 이야기를 이어갈 이유가 없다. 하지만 우리는 상황이 명확하지 않고 복잡할 때도 솔직하게 인정해야 한다. 이를 위해 나는 잠시 물리학에서 벗어나 세상 사람 누구도 이야기하고 싶어 하지 않는 주제를 다루고자 한다.

우리는 우리에게 있는 것만 측정할 수 있다

약 10년 전만 해도 나는 오로지 뇌 연구에 몰두하고 있었다. 당시 나의 상사였던 크리스 패트릭 교수는 사이코패스 연구자로서 명성이 높았다. 사이코패스는 냉담함과 충동성이 결합된, 보통 연쇄 살인범의 특징으로 여겨진다. 하지만 이 개념에 대한 오해는 너무 많아서 책 한 권을 채울 수 있을 정도다. 이를테면, 정신병의 특징이 뚜렷하게 드러나지 않는 연쇄 살인범들도 존재해왔다. 따라서 '당신은 연쇄 살인범보다 더 정신병자다'라는 말은 추가적인 맥락이 드러나지 않는다면, 그다지 의미가 없는 표현이다. 게다가 수년간 연구실에서 연구를 해왔지만, 나는 살인범이나 다른 범죄자들을 연구한 적은 없었다. 주로 일반 인구 집단의 불안이나 공격성과 같은 특성에 관심을 두고 연구하는 것이 대부분이었다.

따라서 사이코패스를 연구하는 것은 외부에서 상상하는 것만큼 흥미로운 일이 아니다. 그럼에도 불구하고, 우리 연구실은 몇 가지 놀라운 요청을 받았다. 가령, 한 번은 찰스 맨슨[6]의 딸이라고 주장하는 여성으로부터 전화를 받았는데, 그녀는 맨슨의 뇌에 대해 여러 가지 질문을 했다. 심지어 나의 선임 연구자도 이와 관련된 당혹스러운 요청을 받기도 했다. 한 연구자 친구가 시체성애 Nekrophilie, 즉 죽은 사람과의 성관계에 관한 책을 출판할 생각을 했다. 이 야심 찬 프로젝트는 법, 도덕, 문학(뱀파이어를 생각해보라), 심리학 그리고 당연히 신경심리학까지 포함해 이 현상을 둘러싼 모든 측면을 다루고자 했다. 그가 우리 연구실에 도움을 요청했다.

나는 이 주제가 매우 매력적인 기회라고 생각했다. 지금까지 누구도 다룬 적이 없는 연구 주제는 매우 귀한데, 시체성애의 신경심리학이 그중 하나로 여겨졌기 때문이다. 나는 서류 작업을 도와줄 수 있는 학생에게 연락해보았다.

"절대 안 돼요."

그의 대답은 단호했다.

"내 이력서에 그걸 쓸 순 없어요."

그래서 나는 직접 그 연구에 참여하기 시작했고, 2017년 내가 쓴 논문이 《시체성애의 이해-글로벌 다학제적 관점 Understanding Necrophilia-A Global Multidisciplinary Perspective》이라는 교재에 실렸다. 이 프로젝트에 참여하게 돼 나는 매우 기뻤다. 덕분에 매우 흥미로운 사람들을 만날 수 있었기 때문이다.

독자 여러분은 나와 나의 상사였던 연구자가 공동 집필한 이 책이 시체성애적 성향을 가진 사람들의 뇌에 대한 연구일 거라고 짐작할 것이다. 이에 대해서 우리는 논문의 첫 문장에 이렇게 언급했다.

"시체성애와 연관된 분야를 탐색하기 위해 영상이나 심리 생리학적 방법을 활용하여 발표한 연구는 지금껏 전무하다."

실제로 이 주제에 대해 논의할 근거가 부족한 것은 사실이다. 그럼에도 불구하고, 나는 논문을 썼다. (그 장은 책에서 가장 분량이 많은 장에 속했다.) 왜냐하면 나는 논의할 수 없다고 생각하는 것에 대해 논의할 수 있어야 한다는 말을 하고 싶었기 때문이다. 예컨대, 나는 소아성애, 즉 아동에게 성적 매력을 느끼는 현상의 신경심리학 연구 결과를 논의하는 데 관심이 많다.

시체성애와 달리 소아성애의 경우, 우리 사회에서 가해자를 식별해 혹시 미래에 일어날지도 모르는 범죄를 예방하거나, 그것이 불가능하다면 적어도 미래에는 더 효과적으로 밝혀내기 위해 가해자를 면밀히 연구하는 것이 매우 중요하다고 본다. 시체성애와 소아성애는 모두 변태 성욕의 범주에 속한다. 포괄적인 의미에서, 이 두 가지는 모두 비정형적인 성적 관심사를 의미한다. 그리고 우리는 이 두 가지 변태 성욕 사이에 뇌의 유사성이 있을 거라는 가정을 전제로 연구를 시작했으므로, 시체성애에 대한 연구가 진행됨에 따라 발견될 수 있는 것에 대해 정보에 근거한 추론을 제시하려 했다.

이러한 도움 덕분에, 뇌에서 시체 성욕의 메커니즘이 어떻게 작동되는지에 대한 상상 모델이 제시됐다. 그 다음으로 누군가(가능하다면 나 말고 다른 연구자)가 시체 성욕 경향이 있는 사람들을 MRI 스캐너에 넣고 검사함으로써 이 상상 모델을 실험적으로 확인하는 과정이 필요했다. 그렇게 하기 위해서는 시체성애 범죄로 유죄판결을 받고 형사 심문을 받고 있는 사람들뿐 아니라 그 이상의 연구 대상 범위가 요구됐다. 범죄자들만 대상으로 삼으면, 연구 범위가 지나치게 극단적인 경우에만 한정되기 때문이다. 다른 변태 성욕증에 대해 우리가 알고 있는 바에 따르면, 시체성애의 '일반적인 경우'는 이 성향이 주로 마음속에서 발현되는 것이라 할 수 있다. 따라서 전혀 행동으로 이어지지 않거나 성관계에서 역할극과 같은 방식으로만 행동으로 나타나는 경우가 대부분이다.

하지만 나는 이 연구가 나의 생전에는 이루어지지 않으리라고 장담한다. 연구가 이루어지기 위해서는 시체성애 경향이 있거나 없는 사람들이 심리학자나 뇌 연구자들이 게재한 광고에 자발적으로 응답해 인터뷰와 검사를 받고 소정의 수당을 받는 식으로 연구에 참여해야 하기 때문이다. 우리 사회에서 시체성애에 대한 낙인이 얼마나 큰지를 고려한다면, 과연 이에 응할 사람이 있을지 나는 매우 회의적이다.

예를 들어, 연구실로 가는 길에 친구를 마주친다거나, 연구 프로그램에 참여했다가 원치 않게 대중들에게 자신의 성향이 공개되지 않으리라고 어떻게 100퍼센트 확신할 수 있겠는가? 게다가 참가자들이 이러한 연구에 참여해 얻을 수 있는 것이라고는 소정의 보수와 호기심을 충족시킨다는 만족감 외에는 없는데, 굳이 위험을 감수할 필요가 있을까?

　신경심리학은 당시 중성미자 입자를 연구하던 입자물리학과 비슷한 이유로 닫힌 문 앞에 서 있는 상태다. 심리학에서는 타인에게 해를 끼치거나 고통을 주는 성적 취향을 가진 사람이 있다는 사실이 오랫동안 알려져 있었다. 이런 점에서 일부 변태 성욕증은 오랫동안 연구 대상이었다. 그런데 타고난 성적 성향으로 고통을 겪지만 범죄를 저지르지 않고 어떤 이유로든 도움을 구하지 않는 사람들은 어떨까? 이 사람들은 연구 대상에 속하지 않는다. 중성미자와 마찬가지로, 그 존재를 증명할 수 있는 간접적인 증거만 찾을 수 있을 뿐이다. 어떤 이들은 인터넷상의 익명 온라인 그룹에서 서로를 찾아낼 수도 있겠지만, 모두가 그럴 수 있는 것은 분명 아니다. 그러므로 우리는 그저 추측만 할 뿐이다. 어떤 성적 취향이건, 어떤 식으로든 영향을 받고 있으나 연구 대상에는 속하지 않는 사람들이 알려지지 않는 숫자로 존재하고 있을 것이다.

　이렇게 질문할 수도 있다. '대체 이런 사람들에 대해 굳이 알아야 하는 이유가 있을까요?' 물론이다. 우선 그들이 어느 정도의 고통을 느끼고 있다면, 도움을 주는 것이 필요하기 때문이다. 그러려면 이들이 도움을 받아들이지 못하게 하는 장벽을 제거하는 것이 가장 중요하다. 도움의 손길이 너무 알려지지 않았거나, 너무 비싸거나, 너무 멀거나, 사람들이 심리적인 도움을 받기를 지나치게 꺼리는 것도 이러한 장벽에 속한다.

　그리고 비정형적인 성적 취향을 가지고 있지만 타인에게 그 행동으로 해를 끼치지 않는 사람들도 존재한다. 심리학 연구의 경우, 모든 인간 경험과 행동이 연구 대상이기 때문에 이들도 흥미롭지만, 사회적 관련성이 부족하기 때문에 이러한 사람들을 연구하려는 동기는 그다지 크지 않다. 여기에서 흥미로운 점은 문화적 변화로부터 과학이 혜택을 받을 수 있다는 점이다. 자위, 동성애, 양성애, 상호 합의된 BDSM[7]과 같은 행위는 과거에 심하게 낙인찍혔던 행위 중 하나이지만, 이제는 설문지를 통한 연구가 훨씬 쉽게 가능해졌다. 설문 조사에 참여하는 사람들이 더는 이런 주제에 대한 정보를 공개하기를 꺼려하지 않기 때문이다. (물론 이런 주제는 여전히 신중하게 다루어야 하는 사적인 영역을 포함한다.)

만약 우리가 이 모든 사람을 뇌 스캐너에 넣고 그들의 성적 취향이나 관심사를 밝혀낼 수 있다면 어떻게 될까? 드디어 뇌의 해당 영역이 고스란히 드러나면서 그에 따라 사람들을 분류할 수 있게 될 것이다. 문제 해결 완료! 다만, 이러한 가정이 신경심리학적 측정에 대한 근본적인 오해에 기반한다는 점을 제외한다면 말이다. 신경심리학적 측정을 통해 우리는 기본적으로 이미 알고 있는 것에 대해서만 더 많은 것을 알아낼 수 있다.

다음과 같은 예를 상상해보자. 키 측정 테이프가 최근의 새로운 발명품이고, 우리가 키를 측정할 수 있는 능력을 갖게 된 것은 몇 년 되지 않는다고 말이다. 그러면 우리는 놀라운 사실을 금세 발견하고 기록할 수 있을 것이다. 예컨대, 프로 농구 선수들은 평균보다 키가 크다는 사실이다. 또한, 성별에 따른 차이에 대해서도 상당히 신뢰할 수 있는 자료가 확보됐다. 독일연방통계청은 인구에 대한 키 기록을 수집하고 보관할 것이다. 그리하여 남성으로 등록된 사람들이 여성으로 등록된 사람들보다 현저히 키가 더 크다는 사실이 드러난다. 평균적으로 남성의 키는 178.9센티미터이고 여성의 키는 165.8센티미터 정도다.

    이 새로운 발견에 흥분한 일부 과학자들이 계속해서 새로운 논문을 발표한다고 상상해보자. '키는 우리의 행동에 영향을 미친다!(예를 들어, 부엌 찬장의 맨 위쪽 칸을 사용하느냐 마느냐 혹은 경마 기수가 되기로 결정하느냐 마느냐)', '키가 큰 남성이 더 매력적으로 보인다!(새로운 설문 조사에서 계속해서 입증됨)', '키는 대부분 유전적으로 결정된다!' 등등.

    그런데 최근에 '키로 성별을 예측할 수 있다!'라고 주장하는 논문이 등장했다고 치자. 머리를 긁적이게 되는 기사다. 어떻게 이런 일이 가능할까? 이 경우 '예측'이라는 것은 무엇을 의미할까? 그래서 논문을 읽어본다. 여기에서 '예측'은 통계적인 가능성을 의미하며, 실제 질문은 '키 외에는 다른 정보가 없는 경우, 성별을 결정할 수 있는가?'나. 다시 말해, 서로 다른 변수 간의 관계에 대해 배우는 것을 포함한다. 그리하여 이 연구자는 다음과 같이 주장한다. '성별에 따라 뚜렷한 키의 차이가 있으므로, 이 척도만 가지고도 사람의 성별을 판단할 수 있다.'

    이 주장이 의심스러워지는 이유는 일상생활에서 이런 방법이 거의 통용되지 않기 때문이다. 어떤 사람이 "오늘 밤 내 애인을 데리고 올 거예요. 키가 171센티미터이니 성별이 뭔지 알겠지요?"라고 말한다면, 경험상 그렇게 간단한 문제가 아님을 쉽게 알 수 있다. 물론 키가 180센티미터가 넘는 사람은 남성일 가능성이 더 높고, 반대로 키가 작은 사람은 여성일 가능성이 더 높다. 그러나 우리는 이미 개별 사례에 도움이 되지 않는 확률이 많다는 것을 알고 있다. 가령, 인구 통계의 관점으로 보자면, 교황은 중국인이 돼야 한다. 즉, 일반적인 통계에서 개별 사례로 추론하려고 할 때, 우리는 종종 난관에 부딪히게 된다(통계에서는 이를 좀 더 전문적으로 'N=1 문제'라고 한다). 그리고 우리는 이미 극단적인 경우, 즉 매우 키가 크거나 매우 작은 사람들도 있으므로 결론을 내리는 데 문제가 발생할 수밖에 없음을 알고 있다. 또한, 앞에서 예를 든 것처럼 키가 171센티미터인 중간 영역에는 남녀를 불구하고 너무나 많은 사람들이 속해 있으므로 의사결정을 하기 위한 의미 있는 근거가 될 수 없다.

따라서 결론을 내리자면, 사람의 키는 우리 인간의 성장 과정과 더불어 그것이 경험과 행동에 어떤 영향을 미칠 수 있는지에 대해 논의할 수 있는 흥미로운 연구 분야는 될 수 있다. 하지만 명백하게 입증할 수 있는 성별 차이와 같이 인간 집단에서의 명확한 차이를 확인할 수 있다고 해도 키에 따라 사람들을 분류하는 것은 여전히 큰 의미가 없다.

이는 뇌 연구의 핵심적인 문제로 이어진다. 마지막 부분에서 '키'라는 단어를 '두뇌 활동'으로 바꾸어도 앞에서 언급한 내용은 여전히 적용된다. 다양한 자폐증 환자들의 뇌 활동에 대한 수많은 데이터가 있다고 해도, 측정된 뇌 활동을 바탕으로 자폐증을 진단하는 것은 극도로 조심스럽다(실제로 현실 세계에서 심각한 결과를 초래할 수 있기 때문이다).

특히 법정에서는 사실이 충분히 정의되지 않으면 '진실만을 말한다'라는 개념이 작동하지 않기 때문에 확실한 사실의 문제가 중요하다. 이러한 관점에서 볼 때, 신경과학은 법정에서는 다루기 어려운 분야다. 앞에서 설명한 해석의 문제 외에 데이터 자체에도 문제가 있다. 뇌 스캔은 비용이 많이 들고 뇌는 복잡하기 때문에 이 분야의 많은 연구에서 뇌의 연결을 의심할 여지없이 증명하는 데 필요한 실험 대상자가 충분하지 않다. 최근의 한 논문에서는 신경과학 연구 결과가 법정에서 얼마나 쉽게 잘못된 판결 결과를 초래할 수 있는지에 대해 우려하는 목소리가 나오고 있는데, 앞으로는 논의의 대상인 연구 결과를 최대한 신뢰할 수 있도록 몇 가지 권장사항이 제시됐다. 즉, 하나의 연구에만 의존하지 말고, 동일한 주제에 대해 동일한 방법을 사용하되 독립적인 결론을 가진 연구 샘플이 최소 두 개 이상은 돼야 한다는 것이다. 또 모든 연구에서 참가자 수가 충분해야 하며(참가자 숫자는 각기 통계적으로, 개별적으로 결정된다), 동일한 방법을 사용해 다른 결론에 도달한 모든 연구를 검색해 인용해야 한다.

특히 마지막 요점은 우리가 너무 쉽게 간과하는 부분이다. 우리는 자신이 선호하거나 추정하는 것과는 모순되는 결과를 탐색하면서도 신뢰성을 잃지 말아야 한다. 이것은 매우 중요한 요소이므로 나중에 다시 설명할 것이다.

성도착증의 예는, 세상에는 우리가 관찰하거나 측정하고자 하지만 접근이 너무 어려운 영역도 때로 존재함을 보여준다. 이들은 연구 실험에 참여해달라는 우리의 요청에 응답하지 않거나(은밀한 묘지 숭배 취향을 가진 사람들처럼), 우주 속 중성미자처럼 그 어떤 것에도 전혀 반응하지 않는다. 따라서 우리의 연구 결과는 매우 제한적인 측정 능력으로 인해 편향될 수밖에 없다. 이것은 매우 명백하게 인지할 수 있는 점이나 우리는 종종 일상 속에서 사실을 직시하는 데 실패하곤 한다. 비유해서 말하자면, 우리는 때때로 그곳에서 열쇠를 잃어버려서가 아니라 단지 다른 곳이 어둡기 때문에 가로등 불빛 아래에서만 아파트 열쇠를 찾는 취객이 되곤 한다.

자기장 속의 섹스

이 문제는 성과 MRI 스캐너에 관련된 상당히 재미있는 연구를 떠올리게 한다. 1990년대, 한 연구 그룹은 삽입 섹스와 오르가슴에 대한 신체 반응을 측정하려는 목표를 세웠다. 이를 위해 연구자들은 앞서 언급한 '뇌 스캐너'라고 불리는 장치를 사용했다. 이 장치는 반드시 뇌를 측정하는 데만 사용되지 않으며, 반드시 활동을 측정하는 데만 사용되는 것도 아니다. 사실 뇌 과학 분야에 종사하지 않는 사람이라면, 뼈가 부러졌거나 몸 어딘가에 종양이 생겼는지를 확인하는 데 주로 이 장치를 사용한다고 알고 있을 가능성이 크다. 1990년대에는 동일한 방법을 사용해 '섹스 중 여성의 성적 흥분에 관한 과거와 현재의 해부학적 개념이 가설에 근거한 것인지 사실에 근거한 것인지를 연구'하려 했다. MRI 튜브 장치 안에 들어가본 사람이라면 이 실험이 얼마나 어려웠을지 이해할 것이다. 그 장치 안에는 공간이 거의 없다. 그러다 보니 MRI 튜브 안에서 폐쇄공포증을 처음으로 겪는 사람도 생길 정도다. 게다가 장치 안은 대체로 차갑고 소음도 매우 크게 들린다. 앞에서 언급한 실험을 하기 위해서 필요한, 어느 정도의 안락함을 제공해줄 수 있는 침대는 공간의 협소함으로 인해 들여놓을 수 없었다.

대부분의 커플에게 이러한 조건은 섹스와 관련된 낭만적인 이상과 거리가 멀다. 그 결과, 대부분의 참가자들은 문제를 겪을 수밖에 없었다. 무엇보다 남성은 명확한 MRI 이미지를 얻기 위해 필요한 정도의 발기를 유지하는 데 어려움을 겪었다. 이는 최소 12초 이상의 지속 시간을 의미한다. 다행히도, 이 연구가 실행되기 직전에 새로운 발기부전 치료제가 승인됐는데, 연구자들은 이것을 다소 비전문적인 표현으로 '신의 선물'이라고 불렀다. 이 약물의 도움 덕분에 두 커플이 원하는 대로 성관계를 할 수 있었다. 흥미롭게도, 화학적 도움 없이 스캐너 안에서 어려움 없이 성행위를 할 수 있었던 커플은 단 한 쌍뿐이었다. 두 사람은 거리 예술가였다. 그들의 직업이 불리한 조건과 관객의 날카로운 시선 속에서도 몸을 완벽하게 통제하는 데 능숙하게 만들었을 거라고 논문에서는 추측했다.

이 연구는 이성애 커플의 정상적인 성 행동에 대한 정보를 제공하려는 목적이었다. 그러나 연구에 응답한 커플은 아마도 매우 호기심이 많거나 모험심이 강한 커플이리라고 추측할 수 있다. 이 그룹 내에서도 실험을 성공적으로 완료한 커플은 특수한 경우에 해당했다. 다시 말해, 연구는 극단적인 그룹을 대상으로 수행됐다. 모든 커플을 대상으로 하지 않고, 거리 예술가나 발기 약물을 사용한 사람들에 대해서만 결론이 도출된 셈이다. 그렇다고 해도, 큰 차이는 없었다. 이 연구를 가장 신랄하게 비판하는 전문가들조차도 이들의 기본 해부학적 구조는 아마도 비슷한 연령대의 다른 건강한 사람들과 놀라울 정도로 비슷하다는 점을 인정할 수밖에 없을 것이다. 따라서 이 연구는 가로등 불빛 아래에서만 살펴본 연구였지만, 제대로 된 열쇠를 찾은 셈이었다. 만약 성의 심리학이 이 연구의 중심이었다면, 스캐너라는 공간이 침실로 바뀔 때는 어떤 결과가 나올지 알아내기가 불가능했을 것이다.

우리가 이미 가지고 있는 것만 측정할 수 있다는 현상의 한 가지 특별한 경우는 생존 편향Survivorship bias이다. 이는 종종 두 가지 예시로 설명되는데, 둘 다 세계대전과 관련이 있다. 제2차 세계대전 당시, 영국 공군이 독일 상공으로 폭격기를 보낼 때 가장 큰 위험은 독일의 방공망이었다. 독일의 대공 공격으로 인해 수많은 폭격기가 격추됐기 때문이다. 영국은 딜레마에 직면했다. 폭격기의 방어력을 더 튼튼하게 만들 수도 있었지만, 이는 기체의 무게를 증가시켜 속도와 기동성을 저하시켰고, 결과적으로 다른 측면이 더 취약해질 위험이 있었다. 그러니 실제로 공격이 집중되는 부분만 무장을 강화하는 것이 최선이었다.

전해지는 이야기에 따르면, 폭격기가 귀환했을 때 항공기 정비사들은 총탄이 맞은 위치를 조사했다. 예를 들어, 날개 부분은 타격을 입었지만 동체는 그렇지 않은 경우가 많았다. 그 결과, 이들은 피격된 부위를 보강하는 결정을 내렸다. 그런데 통계학자인 아브라함 왈드Abraham Wald는 이 전략에 치명적인 오류가 있음을 깨달았다고 한다. 살아남아 돌아온 폭격기만을 기준으로 강화할 부위를 결정하면, 오히려 잘못된 부분을 보강하게 된다는 것이다. 오히려 탄흔이 남아 있지 않은 부위가 더 중요한 부분일 수 있으며, 그곳이 피격될 경우 항공기가 귀환하지 못했을 가능성이 크다는 것이다. 따라서 총탄 흔적이 없는 부분을 더 잘 보호해야 한다는 게 그의 결론이었다.

이는 생존 편향의 훌륭한 예시이지만, 아쉽게도 실제로 일어난 일이 아닐 가능성이 크다. 오늘날 우리가 알고 있는 바에 따르면, 영국 왕립공군은 이미 생존 편향의 근본적인 문제를 잘 이해하고 있었다. 아브라함 왈드의 탁월한 점은 이 문제를 수학적 공식으로 풀어낸 것이다. 이 공식들은 다음과 같은 질문에 답하는 데 도움을 주었다. 예를 들어, 400대의 항공기를 출격시켰을 때 320대가 귀환한다면, 우리가 관찰한 손상 부위는 어느 정도의 정보 가치를 가지는가? 만약 동일한 손상이 있는 항공기가 단 두 대만 귀환했다면, 그 정보의 의미는 어떻게 달라지는가? 다시 말해, 왈드의 역할은 가로등 불빛의 반경과 밝기를 평가하는 것이었다. 이는 우리가 오직 존재하는 것만 측정할 수 있다는 사실에 대한 수학적 깨달음이다.

제1차 세계대전 동안 등장한 놀라울 정도로 혁신적인 군사 기술 중 하나는 강철 헬멧, 즉 금속으로 만든 보호 헬멧이었다. 전쟁이 시작될 당시, 유럽 군대의 머리 보호 장비는 펠트나 가죽 또는 매우 얇은 금속으로 만들어졌으며, 새로운 전쟁 무기들에 대해 거의 보호 기능을 하지 못했다. 전쟁 당사국들은 서로의 효과적인 장비를 모방하면서 앞다투어 강철 헬멧을 도입했다. 그런데 이와 관련돼 지금까지도 끊이지 않는 한 가지 루머가 있으니, 강철 헬멧이 병사들에게 오히려 더 해로울 수 있다는 우려가 그것이다. 헬멧 도입 후 갑자기 머리 부상을 입은 병사들이 많아졌기 때문이었다. 그러나 이것 역시 생존 편향이었다. 부상자 수가 증가한 이유도 헬멧 도입 이전에는 이들이 전장에서 즉사했다는 단순한 사실에 기인했다. 전해지는 말과는 달리 당시 사람들도 이 사실을 잘 이해하고 있었다. 내가 찾을 수 있는 가장 오래된 기록은 1916년 말, 즉 전쟁 한가운데에서 나온 것으로, 헬멧 도입 이후 머리 부상자가 크게 증가한 이유는 과거에는 이런 부상자들이 현장에서 즉사했기 때문이라고 설명하고 있다. 과거의 사람들은 우리가 생각하는 것만큼 어리석지 않았다.

가로등 아래의 열쇠와 가장 가까운 과학 분야는 고고학과 고생물학일 것이다. 이는 최초의 공룡이나 최초의 의식적 매장, 최초의 도구와 같은 '아주 고대적 발견'에 대한 이야기를 할 때 특히 명확해진다. 우리는 볼 수 있는 것만 측정할 수 있기 때문에, 계속해서 더 오래된 것들을 발견할 수 있다. 그러다 보니 또다시 '세계에서 가장 오래된 동굴 그림'이 발견됐을 때 우리는 살짝 속은 기분이 들기도 한다. 하지만 이것은 과학의 잘못이 아니라 우리가 과학을 다루는 방식 때문이다. 인간이 언제부터 '진짜 인간'이었는지, 즉 현재의 인간처럼 보이거나 조직화된 문명의 구성원처럼 행동하기 시작했는지 아는 것은 인간에게 매우 중요하다.

이러한 사고방식은 종종 큰 오해를 불러일으킨다. 예컨대, 자연과 인간의 과거를 되돌아보면 여러 변화의 과정은 일반적인 우리의 상상보다 훨씬 더 느리고 점진적으로 이루어졌다는 것이다. 그런데도 농업이나 도시, 문자 또는 돈과 같은 개념이 갑자기 출현했고, 이러한 개념들이 그 유용성으로 인해 곧바로 전파된 것처럼 보이기도 한다. 하지만 이러한 발전이 훨씬 더 느리고 혼란스럽게 진행됐다는 사실이 점점 뚜렷하게 밝혀지고 있다.

도시의 출현에 대해 생각해보자. 도시의 출현은 개별 사례나 각 지역의 세부적인 상황에 따라 빠르게 또는 천천히 이루어졌을 수 있으며, 최초의 대규모 정착지가 이후에 지속됐는지의 여부도 다를 수 있다. 나는 한 지리학 교수가 다음과 같이 표현한 것에 동의한다. "역사적 지리학의 관점에서 보면, 초기 도시는 광활하게 펼쳐진 대지 위에 작은 점들이 생겨나고 사라지는 것과 같다." 다만, 우리는 이를 잘 알아채지 못할 뿐이다. 명확한 분류의 필요성이라는 관점으로 역사를 돌이켜본다면, A에서 B로 이어지는 비교적 직선적인 경로로서 바라보게 되겠지만, 역사를 점진적이고 상대적으로 무질서한 사건의 축적으로 받아들이는 편이 실제로는 훨씬 더 바람직할 것이다.

특히 궁극적으로 '가장 오래된 유물'을 찾는 것은 어차피 부질없는 일이다. 그러므로 '가장 오래된 유물'은 실제로는 '현재까지 알려진 가장 오래된 유물'로 표시돼야 한다. 이 분야의 전문가들은 일반적으로 이 작업을 매우 믿음직하게 수행한다. 하지만 언론 보도를 보면 살짝 왜곡되거나 일부 근거 없는 주장이 제기되는 경향이 종종 있다. 그러므로 이 연구 분야를 외부에서만 바라보며 그저 인류의 기원에 대해 더 알고 싶은 입장이라면, 이야기의 교훈은 분명하다. 경계란 보통 우리가 생각하는 것보다 훨씬 모호하므로, 어떤 일이 처음 일어난 시기에 대해 너무 주목할 필요가 없다는 것이다.

우리는 자신의 방법을 의심하지 않는다

지금까지 우리는 관찰하거나 측정한 데이터를 파악하기 어렵다는 이유로 연구결과를 신뢰할 수 없게 된 경우를 다루었다. 다음에 다룰 사례는 조금 다른 과학적 문제이지만, 그 폭발력은 결코 적지 않다. 이 사건은 2007년 4월, 경찰관 미셸 키제베터Michèle Kiesewetter가 동료와 함께 하일브론Heilbronn에서 휴식을 취하고 있을 때, 경고 없이 뒤쪽에서 날아온 총에 맞아 사망한 사건에서 시작됐다. 이 대목에서 중요한 추가 사항이 등장한다. '시작됐다'는 말은 과학적으로 사실 규명이 가능한 특정 이야기에만 적용된다. 사실, 이 범죄는 시작이 아니라 일련의 연쇄 살인 사건의 종료점이었다. 나중에 밝혀진 바에 따르면, 이 살인은 '국가사회주의 지하 조직Nationalsozialistischen Untergrund, NSU'에 소속된 두 남성이 저지른 범행의 결과였다. 이들은 이미 독일 여러 도시에서 인종차별적인 동기로 이민자 여덟 명을 살해했고, 그 외에도 15건의 강도 사건과 두 건의 폭탄 공격을 일으켰다. 이들의 범죄는 그 자체만으로도 충격적이지만, 더 놀라운 것은 경찰의 심각한 수사 오류 덕분에 NSU의 조직원들이 오랜 기간 동안 아무 제지 없이 살인을 저지를 수 있었다는 것이다.

약 1,400페이지에 달하는 공개 문서인 관련 조사위원회의 권고안을 읽어보면 할 말을 잃을 정도다. 조사위원회는 연방 및 주 정부와 경찰, 사법부, 헌법보호청을 포함한 모든 기관에서 '수많은 심각한 실수와 누락이 발견됐다'라고 명확하게 밝히고 있다. 특히 다음과 같은 결론은 충격적으로 들린다. '구조적인 인종차별적 편견이 NSU가 저지른 살인 사건과 폭탄 테러에 대한 수사가 공개적으로 이루어지지 못한 주요 원인이었다.'

여기에서 일부 수사관들이 자신의 인종차별적 편견으로 인해 범인을 피해자의 주변 인물 중에서 주로 찾으려 했다는 면에서 많은 비난을 받았다. 범인이 백인 독일인일 수 있다는 단서는 무시되거나 제대로 추적되지 않았다. 그중에는 한 목격자가 비디오를 보고 "저 사람이었어요!"라며 알아보고 직접 지목하는 경우도 있었다. 이 진술은 '가장 중요한 단서 중 하나'였지만, 이에 대한 후속 조치는 이루어지지 않았다. 이는 앞에서 언급한 목격자 진술의 신뢰성 문제와 관련된 사례로, 아무리 약점이 많다고 하더라도 증인들의 진술은 결코 간과되거나 무시돼서는 안 됨을 보여준다.

이 범죄에 관여한 사람들은 오늘날 모두 구속됐거나 자살로 생을 마감했다. 이 사건은 독일 당국의 사건 처리에 대한 무능함뿐 아니라 보안 정책의 실패를 명백하게 보여주는 예라고 나는 생각한다.

하일브론 살인 사건으로 돌아가보자. 당시만 하더라도 지하 테러 조직에 대해 아는 사람이 아무도 없었고 목격자 진술도 없었다. 중상을 입고 살아난 경찰관 키제베터의 동료는 공격받을 당시를 전혀 기억하지 못했다. 따라서 범죄 경위에 대한 수사관들의 추측과 DNA 증거를 찾는 것만이 유일한 단서였다. 그런데 수사관들은 발견한 DNA에서 충격적인 결론을 얻었다. 오랫동안 경찰이 찾고 있던 사람의 유전물질을 발견했는데, 유전자 프로파일에 따르면 범인은 여성일 수밖에 없었다. 독일과 오스트리아, 프랑스에서 발생한 총 40건의 범죄 현장에서 발견된 DNA와 일치했다. 그녀의 소행으로 추정되는 범죄는 10년 이상에 걸친 수많은 절도 및 강도 사건과 두 번의 살인 미수, 세 번의 살인 사건을 망라했다. 경찰에서는 범인을 '신원 미상의 여성Unbekannte Weibliche Person'이라는 뜻의 'UWP'로 불렀지만, 대중과 언론에서는 '유령'으로 부르기도 했다. 그녀가 저지른 범죄 중에는 도주 중에 쉼터나 이동식 주택을 침입해서 저지른 범죄도 포함돼 있으므로 가히 유령으로 불릴 만했다.

다른 것들은 전혀 이해가 되지 않았다. 우리는 범죄자 중 일부가 여성이 아니라는 것을 알고 있다. 모든 사람이 여성 유전자형을 가지고 있다고 해서 여성 표현형을 가지는 것은 아니다. 다시 말해, DNA 분석에 따른 성별이 외형적 모습과 일치되지 않는 경우도 있는 것이다. 그 한 예가 'XX 남자'다. 남성은 보통 Y 염색체를 가지고 있지만, XX 남자는 여성에서 발견되는 염색체 세트를 가지고 있다. 대부분의 경우, 이는 남성 표현형 발달에 주로 책임이 있고 보통 Y 염색체에 위치하는 SRY 유전자가 실수로 X 염색체로 옮겨진 것이 원인이다. 이 개념은 여러 가지 이유로 놀라운 점이 많다. 우선, 남성이 되는 데 주로 큰 영향을 미치는 유전자가 'SRY'라고 불린다는 것이 다소 재미있다. 이 용어는 'Y(염색체)의 성 결정 영역'을 의미하는 'Sex-determining Region of Y'의 약자이지만, 오늘날 인터넷상에서 쓰이는 'Sorry'의 약자처럼 보이기도 한다(안됐군요, 당신은 불행히도 남자가 됐어요). 다른 한편으로, 유전자가 그렇게 앞뒤로 움직인다는 것이 이상하게 보일 수 있다. 사실 이와 같은 현상은 그렇게 자주 일어나지 않는다. 하지만 이는 우리 몸과 성을 포함한 많은 특성들이 일부 반동적인 우익들이 주장하듯이 그렇게 고정적이거나 예측 가능하지 않음을 보여주는 특징 중 하나다.

그러나 앞에서 언급한 유령의 경우, 성별 구별만이 혼란스러운 것이 아니라 일부 범죄의 성격도 마찬가지로 의문스러웠다. 어떤 범죄는 명백히 즉흥적인 행동이었지만, 어떤 범죄들은 마치 계획된 작업처럼 수행됐기 때문이다. "그들은 고도로 조직적이지만 다소 엉성한 경우도 있었습니다"라고 당시 수사관 중 한 명이 밝혔다. 심리 프로파일러에게 이처럼 무질서한 행동은 재앙에 가깝다. 이들이 찾는 것은 일정한 패턴이기 때문이다. 이 역학관계는 배트

맨과 조커의 관계와 놀라울 정도로 비슷하다. 배트맨은 박쥐 복장을 한 억만장자 슈퍼히어로인 브루스 웨인인데, 만화에서는 '위대한 탐정'으로도 알려졌다. 비록 영화에서는 잘 강조되지 않지만, 그가 처음 등장한 작품은 《탐정 만화$^{Detective\ Comics}$》라는 잡지였고, 만화에서 셜록 홈스와 만난 적도 있었다. 그런데 홈스의 라이벌 모리아티가 위험한 이유는 그가 홈스와 맞먹을 정도의 날카로운 지성을 가지고 있기 때문인 반면, 조커는 혼란을 추구하는 성향으로 인해 배트맨에게 커다란 도전장을 내민다. 은행을 턴 다음 돈을 불태우는 사람을 잡기 위해 그의 동기를 분석하고 추측하는 것은 무의미할 뿐이다. 일련의 사건의 유령에 대해 말할 수 있는 바가 거의 없었던 것도 바로 그 때문이다. 하일브론 사건 이후 거의 2년이 지나서야 얻게 된, 유일하게 범인에 대해 짐작할 수 있는 정보는 그가 20세에서 50세 사이이며, 매우 기동성이 뛰어나며 마약 현장과 연관됐을 가능성이 있다는 것이었다.

  그리고 드디어, 유령의 DNA가 있을 수 없는 장소에서 발견되며 모두에게 경고음을 울렸다. 한 남자의 불에 탄 시신을 확인하는 과정에서, 그가 수년 동안 실종 상태였으며, 그의 DNA가 오랫동안 파일에 보관돼 있던 유령의 DNA인 것으로 밝혀졌다. 그런데 DNA를 재검사했을 때, 유령의 유전물질 흔적이 사라진 것을 확인할 수 있었다. 학계에서는 이러한 재검사를 '재현^{Replication}'이라고 하는데, 동일한 방법을 사용해 동일한 현상을 조사하는 것을 의미한다. 이로 인해 다른 결과가 나왔다는 것은, 사용된 재료에 문제가 있을 수 있다는 '합리적인 의심'을 불러일으켰다. 유령의 DNA가 실제로 면봉이나 조직 샘플을 채취하고 보관하는 데 사용된 재료를 제조한 회사의 직원에게서 나왔을 가능성이 있다는 의심이 즉시 제기됐다. 이 제조사는 재빨리 자신들의 입장을 변명했다. 면봉은 DNA 분석을 위해 설계되지 않았기 때문에 DNA가 없는 상태로 공급될 수 없다는 것이다.

흥미롭게도, 오염된 검사 재료에 대한 의심은 이미 유령의 혼란스러운 패턴을 설명하는 근거로 제기된 적이 있었다. 한 법의학자는 모든 사례에서 검사 재료가 동일한 회사 제품인지 확인할 것을 권고했다. 하지만 국가범죄수사청 대변인은 이 가능성을 일축했다. 왜냐하면 이들은 정기적으로 '블라인드 샘플'로 검사를 수행하는데, 이 샘플은 실제 조직 샘플 대신 물만 분석했던 것이다. 만약 유전자 흔적이 여기에서 나타난다면, 그것은 샘플이 오염됐다는 증거임을 알 수 있다. 이는 사실 이 문제를 해결하기 위한 좋은 방법이다. 그런데도 이들이 수년 동안 유령을 쫓아다녔다는 사실은, 기업에서 이 블라인드 샘플 검사를 전혀 하지 않았거나 충분히 하지 않았음을 의미한다. 어쨌든, 방법의 신뢰성이 충분히 검토되지 않았던 결과, 모두가 '유령'을 쫓는 일에 매달린 셈이다. 즉, 우리는 자신이 선택한 방법에 대해 의문을 품지 않았다.

거짓말탐지기

DNA 분석은 과학적 신뢰도가 과도하게 과장되는 법의학적 기술 중 하나다. 영화나 TV 프로그램에서는 심리생리학적 거짓말탐지기가 항상 완벽하게 작동하는 것처럼 묘사된다. 이 방법은 실제로 꽤 흥미롭긴 하다. 피험자의 피부에 전극을 부착해 신체에서 발생하는 특정 신호, 보통 피부 전도도를 측정한다. 피부 전도도는 사람의 심리적 긴장이나 흥분에 따라 빠르고 뚜렷하게 변하는데, 나 또한 비슷한 실험에 참여한 적이 있다. 연구자들은 나에게 과거에 싫어했던 사람을 떠올리라고 요청한 후, 그 결과를 다른 방에서 관찰했다. 곧이어 웃음소리와 함께 "그 사람 진짜 재수 없는 사람이었겠네!"라고 말하는 소리가 들렸다.

이 거짓말탐지기의 원리는 간단하다. 잘 작동한다면, 어떤 사람이 살인을 숨기거나 수사관들을 잘못된 길로 유도하려고 할 때 겪는 심리적 흥분도 감지할 수 있어야 한다. 이는 이론적으로는 가능하지만, 실제로는 그 신뢰도가 매우 낮다. 그만큼 이 방법은 법정에서 증거로 사용하기에 부적합하다고 판단된다. 그 이유 중 하나는 거짓말탐지기가 쉽게 조작될 수 있기 때문이다. 실험 결과, 기기를 직접 사용하지 않고도 피험자들에게 단 30분 정도의 교육과 연습을 시키는 것만으로 결과를 의도대로 바꿀 수 있다는 사실이 밝혀졌다.

지문도 크게 다르지 않다. 소설에서는 대개 지문 인식이

100퍼센트 확실하게 작동하는 것으로 묘사된다. 실제로 노트북이나 스마트폰에 탑재된 지문 인식기를 사용하는 사람은 그것이 꽤 잘 작동한다고 생각한다. 그러나 전문가들은 지문 인식의 안정성이 종종 과장됐다고 경고한다. 흥미롭게도, 지문과 관련해서도 DNA 유령과 비슷한 예가 거의 같은 시기에 발생했다.

2004년 3월, 마드리드에서 발생한 끔찍한 열차 폭탄 테러로 거의 200명이 목숨을 잃은 후, 폭탄 제조 재료가 담긴 가방에서 지문이 발견됐다. 그 지문은 최근 이슬람교로 개종한 미국의 한 변호사의 것과 일치했으며, 이로 인해 그 변호사는 당국의 의심을 사게 됐다. FBI를 포함한 여러 전문가들은 가방에서 발견된 지문이 변호사의 그것과 100퍼센트 동일하다고 확인했다. 혐의자는 곧 FBI에 구금돼 조사받았다. 하지만 그는 10년 넘게 북미를 떠난 적이 없으며, 결국 그 지문이 또 다른 사람과 일치한다는 사실이 밝혀졌다. 실수가 발생한 이유는 단순했다. 지문을 평가하고 비교하는 데 사용되는 특성이 여러 사람과 일치할 수 있다는 사실 때문이었다. 그리고 이 경우, 당국은 혐의자의 종교적 배경을 주로 문제 삼아 기소하려 했던 것이 밝혀졌다.

요점은 분명해졌다. 지문과 거짓말탐지기, DNA 샘플 같은 것들은 관찰이나 인식, 기억이 부족할 때 사실을 밝혀내기 위한 도구로 여겨진다. 사실과 의견을 구별하기 어려운 상황에서, 이들은 신뢰하기 어려운 주관성을 배제하고 과학적으로 객관적인 판단을 내리는 역할을 해야 한다. 하지만 이제 이런 분석들조차도 완전히 틀릴 수 있다는 사실이 밝혀지고 있다. 반대로, 앞서 설명했듯이 신뢰하기 어려운 목격자의 (주관적인) 증언 때문에 잘못된 유죄판결이 내려졌지만, (객관적인) DNA 증거를 통해 이를 뒤집을 수 있었던 사례도 있다. 결국 우리는 증언이나 DNA 분석, 심리 프로파일, 지문, 범행 현장의 깨진 유리창, 자백 편지, 흐릿한 감시 카메라 영상을 포함한 모든 것들이 하나의 '집'을 짓기 위한 벽돌과 같다는 점을 깨달을 필요가 있다. 게다가 모든 벽돌의 강도가 똑같지 않듯이, 각 단서들도 저마다 그 신뢰성이 다를 수 있다. 한순간의 목격자의 증언과 휴지 샘플에서 추출한 DNA 분석 결과를 비교하면, 보통 후자가 더 신뢰할 만하다고 생각할 것이다. 하지만 여기에서 중요한 점은, 그렇다고 해서 DNA 분석이 목격자의 증언보다 항상 더 정확하다는 의미는 아니라는 것이다. 오히려 앞에서 묘사한 사례에서처럼 실험실의 '객관적인' 분석은 실패한 반면, "저 사람이에요!"라고 외쳤던 여성의 '주관적인' 판단이 맞는 경우도 있었다.

그렇다면, 이 모든 것들이 하나의 벽돌이라면, 우리가 실제로 지으려는 건물은 무엇일까? 이 질문은 사실을 찾아가는 과학적 과정의 핵심으로 우리를 이끈다.

제2부
가설 검증하기

"결과에는 두 가지가 있다.
결과가 가설을 확인해준다면,
그것은 측정이다.
하지만 결과가 가설을 반박한다면,
그것은 발견이다."

— 엔리코 페르미

우리는 반박할 수 없는 가정을 좋아한다

 냉장고에서 요거트를 꺼내 한 숟가락 먹었을 때, 상했음을 깨달았다면 그것은 측정에 해당한다. 하지만 의자에 앉아 냉장고 속 요거트가 너무 오래되지 않았을지 걱정하는 것은 가설에 해당한다. 이 경우, 가설은 냉장고 속 요거트가 상해서 더 이상 먹을 수 없다는 것으로 정리된다. 이 가설의 특징은 검증 가능성이다. 측정 결과가 어떻게 나오든 가설에 대한 의미를 제공해야 하는 것이 바람직하다. 만약 맛이나 냄새, 색깔이 신선한 요거트라고 생각되는 것과 거리가 멀다면, 요거트가 상했다고 판단할 것이다. 이때 어떤 기준을 적용할지는 중요하지 않다. 보는 것, 냄새 맡는 것, 맛보는 것 중 어떤 방법을 사용해도 된다.
 단, 이 가설이 반증 가능해야 한다는 것을 염두에 두어야 한다. 우리의 가설을 폐기하려면 어떤 조건이 충족돼야 할까? 이는 요거트라는 대상에 이미 답이 들어 있다. 만약 냄새가 좋고, 색깔도 괜찮고, 맛도 신선하다면, 가설은 틀렸다는 결론을 내릴 수 있다. 하지만 우리는 종종 반박할 수 있는 사실을 충분히 고려하지 않거나, 아예 반박이 불가능한 주장을 하기도 한다. 이런 주장들은 설득력 있게 들릴 수 있지만, 그 자체로 문제를 내포하고 있을 수도 있다.

철학적 논증의 예로 '수조 속의 뇌'라는 개념이 있다. 이 사고실험에서는 몸이 없는 뇌가 영양액에 떠 있는 모습을 상상하고, 컴퓨터가 이 뇌를 위해 가상의 세계를 시뮬레이션한다고 가정한다. 우리의 감각이 전기신호를 통해 뇌에서 처리된다는 점을 생각하면, 이 아이디어는 얼핏 보기에 완전히 터무니없지는 않다. 하지만 현실에서 이를 구현하기란 사람들이 생각하는 것보다 훨씬 더 어렵다. 최소한 뇌가 평소보다 훨씬 더 복잡하게 연결돼야 한다. 아마도 수십억 개의 거의 보이지 않는 얇은 전선이 뇌 깊숙이 삽입돼야 할 테고, 동시에 강한 자기장이 이를 보조해야 뇌에서 나오는 신호를 수신하고 새로운 신호를 전달할 수 있을 것이다.

몇십 년 전까지만 해도 이런 개념은 그저 모호한 상상에 불과했다. 하지만 1999년 영화 〈매트릭스〉가 거의 완벽하게 구축된 가상 세계라는 아이디어를 도입한 이후로 대중적인 개념이 됐다. 이 영화에서는 뇌뿐만 아니라 온몸이 영양액에 담겨 있으며, 결과적으로 같은 효과를 얻는다. 그보다 1년 전에 개봉한 또 다른 할리우드 영화도 비슷한 설정을 가지고 있다. 영화 〈트루먼 쇼〉에서 주인공 트루먼 버뱅크 역시 거의 완벽한 인공 환경 속에서 살아간다. 다만,

이 영화에서는 기술적 수준이 좀 더 현실적이다. 트루먼이 사는 곳은 거대한 돔 안에 위치하며, 시간과 날씨는 중앙 통제실에서 조작할 수 있다. 주변 사람들은 모두 고용된 배우들로, 트루먼이 이 거짓 현실을 믿도록 만드는 역할을 수행한다.

두 영화 세계가 공통적으로 던지는 질문은, 만약 우리가 경험하는 실재가 하나의 환상일 뿐이라면 그것을 어떻게 인식할 수 있느냐는 것이다. 〈매트릭스〉의 네오와 〈트루먼 쇼〉의 트루먼은 모두 이 인공 세계에 태어나서 성인이 될 때까지 어떠한 의심도 하지 않았다. 어떻게 의심할 수 있겠는가? 두 경우 모두, 시스템에 맞서 싸우는 외부 사람들이 존재하고 이들은 주인공이 환상에서 벗어날 수 있도록 도움을 준다. 그 이전에는 아무리 기이한 일이 일어나더라도 모두 무시됐다. 〈매트릭스〉에서 고양이가 지나가는 장면이 두 번 반복되는 오류는 '데자뷔'라는 현상으로 합리화됐다. 〈트루먼 쇼〉의 경우, 스튜디오 조명이 하늘에서 떨어져 트루먼 옆에서 박살나는 장면은 비행기의 동체 일부가 추락한 것이라고 라디오를 통해 설명이 전달된다. 즉, 현실 세계에서 일어날 수 있는 모든 일은 현실 세계의 일부로 설명할 수 있다.

따라서 우리가 살고 있는 세상이 완벽한 환상일 뿐이라는 가정은 과학적으로 반박될 수 없다. 우리가 매트릭스 안에 있거나 거대한 통제된 돔 안에 있다는 것을 과학적으로 증명할 방법은 없다. 만약 당신이 아직도 불안함을 느낀다면, 안심하시라. 반박할 수 없는 가설은 가볍게 무시해도 좋다.

놀랍게 들릴 수 있지만, 우리가 살아가는 세계가 실제인지 아닌지는 무엇보다 매우 중요한 문제처럼 여겨지며, 철학에서도 중요한 관심사로 남아 있다. 하지만 과학적으로 볼 때 이 질문은 반박할 수 없기 때문에 무의미하다. 검증할 수 없으므로, 세상이 인공적이라는 가정은 유효한 가설이 아니다.

여기에서 발생할 수 있는 유일한 문제는 이 질문에 답을 할 수 없다는 바로 그 이유 때문에 질문 속에서 길을 대책 없이 잃게 될 수 있다는 것이다. 물론 나와는 다른 관점을 가진 연구자들도 있으며, 이들은 우리가 정교한 시뮬레이션 안에서 살고 있을 가능성이 얼마나 되는지를 밝히기 위해 여전히 노력하고 있다. 어떤 사람들은 50:50의 확률을 제시하기도 한다. 명확하게 답할 수 없는 질문에 대해 중간을 선택하는 것이 합리적으로 보일 수는 있다. 그보다 더 나아가 자주 인용되는, 영국의 한 외과 의사가 발표한 연구는 우리가 평균 701개의 다른 시뮬레이션 현실에 속할 확률이 99.9퍼센트라고 정확한 수치를 계산해 제시했다. 저자는 이 결과가 시뮬레이션 이론에 '신빙성을 더해준다'라고 언급했다. 개인적으로 나는 이런 해석에 동의하지 않으며, 의문을 해소하고 싶다면 차라리 다른 외과 의사를 찾는 편이 낫다고 생각한다.

정신 질환에 관한 질문과 관련되면 이 문제는 더 심각해진다. 현실이 사실이 아니라고 믿는 것, 즉 '비현실감'을 느끼는 것은 오랫동안 정신의학적 증상으로 알려졌다. 1906년에는 《비정상 심리학 저널Journal of Abnormal Psychology》, 현재는 《정신병리학 및 임상과학 저널Journal of Psychopathology and Clinical Science》로 더 잘 알려진, 여전히 영향력 있는 잡지에 한 34세 여성에 대한 보고가 실렸다. 그녀는 어느 날 매우 지친 나머지 잠자리에 들었고, 그 이후로 세상은 실재하지 않는다고 확신하게 됐다. 그녀는 이렇게 말했다.

"내가 보고 듣는 모든 것이 비현실적으로 느껴져요. 나무들을 보고 있노라면 그것들이 진짜가 아니라는 생각이 들어요. 그전까지 늘 봐왔던 나무가 진짜처럼 보이지 않는 것이죠."

이런 형태의 이른바 '비현실감'은 정신 질환의 맥락에서만 발생하지 않는다. 감정적으로 격화된 상황이나 약물 남용 후에도 이러한 감각을 경험할 수 있다. 흥미롭게도, 16개국을 비교한 연구에 따르면, 독일 사람들이 비현실감을 경험하는 빈도가 가장 적다는 결과가 나왔다. 이런 종류의 느낌은 트라우마에 대한 반응일 수 있다는 가설이 있는데, 이 결과를 통해 독일인이 다른 여러 나라 사람들보다 심각한 트라우마를 겪을 위험이 낮다는 추정이 가능하다.

그러나 그 원인이 무엇이든, 예술을 통한 비현실감의 표현 방식은 이와 같은 감각에 짓눌리던 사람들에게 자신의 느낌을 표현할 수 있는 수단이 됐다. 다음에 설명할 우체부의 사례는 이것이 임상적으로 처음으로 설명된 사례다. 2008년, 한 우체부가 자기 주변 사람들이 연기를 하고 있으며, 자신의 삶이 〈트루먼 쇼〉처럼 인위적으로 구성됐다는 막연한 느낌에 사로잡혔다고 했다. 그 이후로 그러한 사례가 점점 늘어나서, 지금은 '트루먼 증후군Truman-Syndrom' 이라는 용어가 자리 잡았을 정도다. 예컨대, 미국의 한 남자가 공무원과 싸움을 벌인 후 뉴욕의 정신 병원에 입원한 경우도 여기에 속한다. 그는 세계 무역 센터의 타워가 아직 남아 있는지 확인하기 위해 다른 주에서 뉴욕으로 여행을 왔다. 그는 〈트루먼 쇼〉에서 원자로 사고를 조작해 트루먼이 떠나는 것을 막았듯이 2001년 9월 11일에 발생한 테러가 〈트루먼 쇼〉와 같은 조작이자 음모일 뿐이라고 믿었다. 그전에는 별다른 특징이 없는 것처럼 보이던 이 남자는 정신과 직원 앞에 서자, '책임자'와 이야기하고 싶다고 떼를 쓰기 시작했다.

반박할 수 없는 가정은 처음엔 매우 강력하게 느껴진다. 반박을 할 수가 없으니 그렇지 않겠는가! 우리는 반박할 수 없는 가정을 좋아한다. 앞의 예가 음모론을 이야기하는 것처럼 느껴진다고? 그렇다. 많은 음모론이 실제로 반증할 수 없는 주장들이다. 예를 들어, 내가 "'작고 강력한 정치적 독점 세력'이 독일에 형성돼, 실제로 '비밀스러운 통치자'로서 나라의 운명을 잘못된 방향으로 이끌고 있으며, 투표하는 사람들을 무시하고 모든 것을 조종하고 있다"라고 주장한다면, 그것을 어떻게 반박할 수 있겠는가? 나는 모든 문제를 그들의 탓으로 돌릴 수 있다("그자들이 최근 수십 년간 벌어진 모든 불미스러운 방향에 책임이 있다"). 그리고 내가 이 소수 집단이 "국가권력과 정치, 교육 그리고 정보통신을 쥐고 흔들며 온 나라에 막대한 영향력을 미치고 있다"라고 주장한다면, 나는 이 주장을 이용해 나와 반대되는 모든 것들에 맞설 수 있다. 트루먼의 세계에서 쏟아지는 스포트라이트를 설명하는 방식으로, 모든 정치적·경제적 격변이나 스캔들도 이 그림자 그룹이 배경에서 조종하고 있다는 설명으로 맞바꿀 수 있는 것이다.

충격적인 것은 앞에서 언급한 주장은 내가 발명한 게 아니라는 것이다. 이 공식은 2017년 독일연방의회에 처음으로 AfD가 진출하면서 내세운 선거 프로그램에서 나온 것이다. 우리는 반박할 수 없는 가정을 너무 좋아하는 나머지, 그로 인한 정치적 후폭풍을 감내할 수밖에 없게 된다.

과학적 가설의 모범 사례

순수하게 과학적인 관점에서 보면, 반박할 수 없는 가설은 전혀 흥미롭지 않다. 반면, 반박할 수 있는 가설은 하늘과 지구를 움직일 수 있는 강력한 도구가 될 수 있다. 아인슈타인의 아이디어를 예로 들어보자. 더 정확히 말하면, 그의 일반 상대성 이론에서 직접적으로 도출할 수 있는 가설을 말하는 것이다. 이 책의 서두에서 언급한, 브라헤와 케플러, 뉴턴의 물리학 연대기를 계속해서 이어나가다 보면, 아인슈타인은 그것을 완성한 사람임을 알 수 있다. 아니, 보는 관점에 따라 그는 모든 것을 창문 밖으로 던져버린 사람일 수도 있다. 뉴턴이 이소룡이라면, 아인슈타인은 그의 후계자인 성룡이라고 할 수 있을 것이다. 사실 진짜 후계자는 아니지만, 일종의 후계자라고 볼 수 있지 않은가. 두 과학자 중 누가 더 똑똑했는지에 대한 질문은 두 액션 스타가 서로 싸웠을 때 누가 이길지에 대한 질문만큼이나 무의미하다.

알베르트 아인슈타인과 성룡, 이 두 사람은 처음에는 불가능하다고 여겨졌던 것들을 취하고, 결국 그것을 실행에 옮긴 사람으로 대중의 인정을 받았다. 아인슈타인의 경우, 중력에 대한 근본적으로 새로운 개념을 제시한 것이 그렇다. 인기 과학 프로그램에서 아인슈타인의 휘어진 공간에 대해 설명하는 장면을 누구나 한 번쯤은 접해보았을 것이다. 자, 한번 상상해보자. 빈 공간을 펼쳐진 천이라고 생각하자. 그것을 수평으로 팽팽하게 잡고 중간에 자몽을 놓으면 천이 자몽 주위로 휘어지게 된다. 그리고 그 자몽을 향해 구슬을 밀어 넣으면, 그 구슬의 경로는 천의 움푹 팬 곳에 따라 휘어진다. 아인슈타인의 생각은 이 곡률이 모든 것─심지어 빛과 시간까지─에 의해 영향을 받고 왜곡된다는 것이었다. 물론 자몽은 매우 작은 질량을 가졌다. 그런데 아인슈타인에 따르면, 우주에 존재하는 거대한 물체에 대해 이야기할 때, 관측 가능하고 측정 가능한 결과로서 증명해 보여야 한다. 따라서 보통 자몽은 태양으로 대체할 수 있으며, 구슬은 행성이나 소행성으로 대체할 수 있다.

이로부터 명확히 추론할 수 있는 바는 일식이 일어나는 동안에는 밤하늘이 밤과 다르게 보인다는 것이다. 밤에는 아무 방해물 없이 별을 직접 볼 수 있지만, 태양은 빛의 경로에 영향을 미치고 밤하늘의 모습도 바꾸기 때문이다. 약간의 빛의 굴절은 뉴턴의 세계에서도 예상할 수 있지만, 아인슈타인에 따르면 그 크기는 뉴턴의 이론이 예상한 것보다 두 배 정도 더 커야 한다. 따라서 충분히 정밀한 망원경으로 일식 기간 동안 하늘을 관찰하고 아인슈타인의 상대성 이론을 확인하거나 반증하는 것은 쉬운 일이다. 아인슈타인의 계산에 따르면, 태양 근처의 고정된 별의 위치 변화는 뉴턴이 맞다면 0.83초, 상대성 이론이 맞다면 1.75초가 된다.

 1각초Winkelsekunde는 1각분의 60분의 1이고, 1각분Winkelminute은 1도의 60분의 1에 해당하는 크기다. 그러니까 한 바퀴를 다 돌면, 즉 360도를 돌면 1각초는 전체 공전 거리의 약 300만 분의 1에 해당이 된다. 이해가 되는가?

 이 가설은 사실 여부와 상관없이 그 자체로 과학자들을 매우 기쁘게 한다. 왜냐하면 이 가설은 해야 할 일을 정확히 지시하고, 예상되는 결과를 아주 세밀하게 설명해주기 때문이다. 일단 연구 설계를 시작할 수 있으며(대부분의 연구에서 가장 재미있는 부분이기도 하고), 연구가 끝나면 유용한 데이터를 수집할 수 있다는 의미이기도 하다. 어쩌면 뉴턴이 맞을 수도, 아인슈타인이 맞을 수도, 아니면 둘 다 틀릴 수도 있지만, 그 어떤 결론이든 모두 흥미롭기는 매한가지다. 아인슈타인 자신도 이 주제에 관한 논문을 마무리하면서 매우 명확한 행동을 촉구했다.

 "이전에 제기한 고려 요소들이 근거가 부족하거나 심지어 모험적이라 할지라도, 천문학자들이 여기에서 제기된 문제를 다루는 것은 매우 바람직하다. 어떤 이론이든 간에, 현재의 방법으로 중력장이 빛의 전파에 미치는 영향을 측정할 수 있는지 물어보아야 하기 때문이다."

　천문학자들은 이 발표를 그냥 넘기지 않고, 다가오는 일식을 관측하기 위해 매우 정밀한 망원경을 준비했다. 그 과정에서 이들은 악천후와 제1차 세계대전과 같은 예상치 못한 일들을 맞이해야 했다. 그 때문에 아인슈타인이 명확한 행동을 촉구한 지 7년이 지난 1918년에도 이 가설에 대한 명확한 검증이 이루어지지 못했다. 이 일은 영국인 아서 에딩턴Arthur Eddington이 그냥 두고 볼 수 없는 일이었다. 바로 다음번 일식은 특히 이 가설을 검증하는 데 유리한 조건이었는데, 그 당시 수많은 별들이 태양 앞에 위치해 있기 때문이었다. 에딩턴은 배를 타고 일식을 따라가기로 계획을 세웠다. 관측을 위한 도구를 수집하고 준비하는 과정, 브라질에 도착하는 과정 등이 묘사된 이 여정에 관한 그의 글은 마치 모험담처럼 읽힌다. 전쟁이 끝나가기는 했지만, 특정 전문가와 장비를 확보하는 데 여전히 어려움이 있었다. 그러나 브라질의 소브라우Sobral와 서아프리카 연안의 프린시페Príncipe섬으로의 여행은 계획대로 진행됐고, 관측도 대체로 예상대로 진행됐다. 이들은 작성한 논문에서 측정된 값을 매우 자세하게 설명하고, 관련 불확실성을 고려해 계산한 값을 제시했다. 그리고 저자들은 다음과 같은 결론을 내렸다.

　"소브라우와 프린시페에서의 탐사 결과는 태양 근처에서 빛의 굴절이 발생한다는 것과 그것이 아인슈타인의 일반 상대성 이론에서 예측한 크기임을 의심의 여지없이 보여준다."

　다시 한번, 훌륭한 가설에 바탕을 둔 측정이 인상적인 성공을 거둔 것이다. 그렇다면 아인슈타인 자신은 그동안 꽤 논란이 됐던 자신의 이론에 대한 좋은 소식을 어떻게 받아들였을까? 당시 학생이었던 호주 물리학자 일세 로젠탈-슈나이더Ilse Rosenthal-Schneider는 이 이론에 대한 토론 자리에 초대를 받아 아인슈타인을 만났을 때 그의 확신을 너무나 명백하게 느꼈다고 이후에 보고했다. 아인슈타인은 이렇게 말했다.

"학생은 거기에 의문을 품었던 모양이지요?"

물론 학생은 아니라고 대답했지만, 그녀는 만약 결과가 달랐다면, 그가 뭐라고 대답했을지 물었다. 아인슈타인이 대답했다.

"나는 신에게 미안함을 느꼈을 거요. 이 이론은 옳으니까요."

자연과학 분야에서 매우 겸손한 사람으로 남을 수도 있지만, 진정으로 세계적인 스타가 되려면 어쩌면 콧대 높은 자신감이 필수인지도 모른다.

이 이야기가 100년이 지난 지금도 여전히 인상적인 이유는 진정으로 아름다운 가설을 제시할 기회가 드물기 때문이다. 수백 년 된 세계관을 뒤엎을 수 있는 가설은 몇 안 되기 마련이다. 보통 연구에서 제시되는 가설은 그리 혁명적이지 않으며, 일상생활에서 제시되는 가설은 더욱 그렇다. 우리가 다루는 가설은 대개 '저 이웃 남자가 나를 보고 짜증 난 표정을 짓는 걸 보니 나한테 화가 난 것 같다'와 같은 것들이다. 이런 가설을 검증하는 방법은 앞서 설명한 경우들과 두 가지 점에서 다르다.

첫째, 그 결과가 우주에 대한 우리의 이해에 미치는 영향이 적다. 둘째, 의심할 여지없는 검증 방법이 어떻게 가능한지 확실하지 않다. 그에게 다가가 보는 것으로 알 수 있을까? 그의 심리 상태를 실험실에서 측정해보자고 그에게 물어봐도 될까?

불행히도 이는 물리학과 실험실, 자연과학 영역 밖에서 흔히 발생하는 문제다. 아인슈타인이 명확한 가설을 세울 수 있었던 이유는, 그가 말한 것처럼 수 세기 동안 측정과 통찰을 쌓아온 거인들의 어깨 위에 서 있었기 때문이었다. 이웃에 대해 그런 정보와 지식을 가지고 있지 않다면, 그 사람의 심리를 가늠하기 위해 나는 어둠 속에서 더듬거릴 수밖에 없다. 그런 이유로 가설을 명확하게 세울 수 있는 자유도 매우 제한적이게 된다. 또한, 측정도 매우 좁게 정의된 한계 내에서만 할 수 있게 된다. 이웃에게 무엇인가를 물어볼 수는 있겠지만, 그가 거짓말을 할 수도 있다. 그의 신체 반응을 관찰할 수도 있지만, 아마도 그 상황에서 제대로 된 심리생리학적 측정을 할 수는 없을 것이다.

만약 그 어떤 것도 가능하지 않다면, 주어진 맥락에서 가설을 가능한 철저하게 세우고, 그와 관련된 불확실성이 아무리 크더라도 가지고 있는 데이터를 바탕으로 작업해야 한다. 이는 매우 실망스러울 수 있지만, 불확실성이 명확하게 제시되는 한 여전히 유효한 과학적 절차다. 우리 현실에서는 몇 가지 명확한 관찰만 가능할 뿐, 유효한 실험을 전혀 수행할 수 없는 경우가 더 많기 때문이다. 이 점은 특히 아기와 꿀의 예에서 분명하게 드러난다.

우리는 모든 것을 확실히 알지는 못한다

나는 종종 주변 사람들에게 1세 미만의 아이에게는 꿀을 주면 안 된다는 사실을 알고 있는지 물어본다. 이 습관은 아내와 생후 몇 개월 된 딸과 함께 플로리다의 한 유명한 아이스크림 가게에 다녀온 이후로 생겼다. 그 가게는 직접 아이스크림을 만들어 판매하기로 유명했는데, 우리는 그중에서 한 종류의 아이스크림이 우리에겐 맞지 않는다고 말했다. 그 아이스크림에는 꿀이 들어 있었고, 딸아이가 혹시라도 우리에게서 아이스크림을 빼앗아 먹을 수도 있기 때문이라는 게 나의 설명이었다. 그러자 점원이 대답했다.

"아, 따님이 꿀 알레르기가 있으신가 보네요."

매우 세심한 반응이었지만, 동시에 어린아이들에게는 꿀을 주면 안 된다는 사실을 점원이 모르고 있었음을 보여주었다. 여러분은 알고 계신지?

나는 사람들이 어떤 것을 몰랐다고 해서 비난하기보다는, 우리가 배운 것과 배우지 않은 것을 의문을 가지고 바라보는 태도가 중요하다고 생각하는 입장이다. 과학자들 중에는 어떤 사람이(보통 과학자가 아닌 사람이) 지구 내부가 뜨거운지 차가운지, 원자가 분자보다 큰지 작은지, 항생제가 바이러스에 효과가 있는지 없는지를 모른다고 하면, 경악스럽다는 반응을 보이는 경우도 있다. 이런 지식은 현대 과학에서 기본적인 상식으로 간주되며, 일반적인 과학 교육의 일부로 여겨진다. 하지만 이런 질문에 대한 답[8]을 모른다는 점이 과학자들에게는 마치 인터넷이 무엇인지 모르거나 독일에 총리가 있다는 사실을 모르는 것과 같은 느낌이 들게 할 수 있다. 그러나 이 모든 것에는 한 가지 공통점이 있다. 이러한 사실을 알기 위해서는 어느 정도의 배움이 필요하다는 것이다. 어떤 것들은 학교에서 배울 수 있으며, 또 다른 것들은 정상적인 삶의 과정이나 사회적 상호작용을 통해 배울 수 있다고 본다. 그런데 과학적으로 중요하지만 학교 교육과정에 포함되지 않는 것들에 대해 사람들이 알지 못하는 것은 과학 커뮤니케이션의 실패라고 분명히 말할 수 있다. 이 사실에 충격을 받거나 비웃는 과학자들은 그저 감정적으로 반응하는 것이라 볼 수 있다.

유명 아이스크림 가게에 서 있던 그 순간, 어린아이에게 꿀을 주면 안 된다는 정보에 대해 어떻게 알게 됐는지 나는 기억이 나지 않았다. 그래서 나는 내가 아는 사람들에게 물어보기로 했다. 특히 부모들은 대개 꿀과 관련된 정보를 알고 있는데, 사실 부모가 아니라면 굳이 이런 정보를 알아야 할 필요는 없을 것이다. 그런데 여기에서 한 가지 의문이 든다. 우리는 어떻게 어린아이에게 꿀을 주지 말아야 한다는 것을 알게 됐을까?

우리 조부모님들은 이를 알지 못했다. 왜냐하면 이 이야기는 1976년 말, 캘리포니아에 있는 한 연구실에서 발표한, 과학 저널 《랜싯》에 실린 보고서에서 시작됐기 때문이다. 이 논문은 먼저 보툴리누스 중독에 대해 설명한다. 이 병은 클로스트리듐 보툴리눔Clostridium botulinum이라는 세균성 병원체가 체내에 침입해 신경독소를 생성하기 때문에 발생한다. 이 세균은 보통 음식을 통해 체내에 침입하기 때문에 전염성이 없다. 병원체는 자연 속 다양한 장소에서 발견되며, 내열성이 강하기 때문에 보툴리누스 중독 사례는 오염된 육류 또는 오염된 통조림 채소와 대개 관련이 있다. 그렇다고 이 병이 자주 발생하지는 않는다. 로베르트 코흐 연구소에 따르면 매년 0~24건의 사례가 보고된다고 한다. 그나마 매우 다행스러운 일이다. 이 박테리아가 생산하는 신경독인 보툴리눔 독소는 신경세포의 통신 채널을 매우 효율적으로 마비시켜 신호를 더 이상 전달할 수 없게 만든다. 그 결과, 마비 증세가 발생하는데 처음에는 위험하기보다는 혼란스러워 보이지만, 최악의 경우 호흡을 방해해 사망에 이를 수 있다.

《랜싯》에 게재된 보고서도 보툴리누스 중독이 위험하지만 드물다는 사실을 인정한다. 캘리포니아의 사례 자료를 조사한 결과, 70년 이상 동안 단 603건의 중독 사례가 발생했고, 그중 1세 미만의 유아에게서 발생한 경우는 단 한 건도 없었다고 한다. 이는 또한 상당히 일리 있는 결과이기도 하다. 왜냐하면 유아들은 일반적으로 평균보다 훨씬 적은 양의 소시지나 통조림 야채를 섭취하기 때문이다. 오히려 연구자들은 이후에 6개월 미만의 유아 보툴리누스 중독 사례가 네 건 발생했다는 보고를 받고는 더 큰 충격을 받았다. 이들은 모두 생후 6~13주의 아기들이었다. 의학적으로 이런 사례는 경각심을 불러일으키기에 충분했다. 연구자들은 보툴리누스 중독인지 확실히 알 수 있는 유일한 방법으로 아이들의 대변 표본을 채취해 병원균을 검출했다. 그런 다음, 가까운 친척들의 대변 표본과 아기가 섭취한 모든 음식(모유 포함)을 요청했고, 병원균이 발견될 수 있는 인근 토양의 표본도 채취했다. (해당 지역의 토양이 어린아이들의 영양과 어떤 관련이 있는지 의문을 품는다면, 당신은 분명 아이를 키워본 적이 없는 사람이다.)

마지막으로, 병에 걸리지 않았지만 연령, 거주지, 식습관 면에서 어린 환자와 비슷한 몇몇 유아들을 추가로 선정한 다음, 이들에게서 대변과 음식, 토양 표본 등을 채취했다. 이는 적절한 대조군[9]을 확보하기 위함이었다. 보툴리누스균이 이미 지역 전체에 퍼졌을 가능성이 있었고, 단지 몇몇 어린이들에게서 발견된 것이 우연에 불과했을 수도 있기 때문이다.

연구자로서 나는 이 접근 방식에 감동하지 않을 수 없었다. 물론 50년 전의 과학적 관행은 지금과는 상당히 달랐다(예를 들어, 대조군에 대해 보고된 내용은 전혀 없었다. 단지 병원균이 발견되지 않았다는 것만 제외하면 말이다). 그러나 방법적인 측면에서 앞에서 서술한 연구자들은 모든 사항을 적절하게 수행했다. 이들은 두 아이에게 꿀을 먹였다는 사실에 놀라서, 지역 슈퍼마켓에서 여러 종류의 꿀을 사서 실험을 해보았다. 그러나 최선의 가설조차도 만족스러운 결과를 보장하지 못했다. 어떤 음식에서도 병원균이 검출되지 않았고, 심지어 꿀에서도 균은 검출되지 않았다. 마찬가지로, 아이들 친척들의 대변 표본에서도 병원균이 검출되지 않았다. 따라서 연구진들은 일단 유아 보툴리누스 중독의 문제를 지적하는 것 외에는 다른 선택의 여지가 없었다. 이들은 보툴리누스균이 이전에는 인지되지 않았거나 일부 영아 돌연사 사례의 원인일 수 있다고 추측했다. 이 네 건의 사례를 둘러싼 특별한 상황이 있음을 증명할 수 없다면, 이 사례들이 보이는 것처럼 특별한 현상이 아닐 수도 있기 때문에 이는 합리적인 결론이다. 그러나 이것이 맞다면 지금까지의 사례 보고에 문제가 있을 수 있다는 결론이 도출된다.

하지만 연구진은 논문이 발표된 후 추가 사례를 접했기 때문에 이대로 문제를 방치할 수 없다는 데 동의했다. 연구진은 캘리포니아 버클리대학교의 과학자들을 참여시키는 것으로 연구 범위를 확대했다. 보고된 유아와 관련해 대조군으로 이웃에서 두 명, 같은 병원에서 태어난 한 명, 총 세 명의 유아를 찾아냈다. 앞에서 언급한 표본 외에도 아기가 입에 넣었을 수 있는 인형과 집 먼지 등도 수집했다. 또한, 이들은 해외로 수색 범위를 넓혔다. 영아 돌연사 의심 사례도 조사했고, 마침내 555개의 표본을 수집하기에 이르렀다.

이 연구를 액션 영화로 표현한다면, 이쯤에서 혹독한 훈련 장면이 등장하고 연구원 중 한 사람이 거울을 보며 이를 악물고 다음과 같은 대사를 내뱉을 것이다.

"사람을 잘못 봤어. 이 썩을 놈의, 보툴리누스균아!"

이 정도의 데이터와 명확한 가설을 바탕으로 마침내 명확한 결과가 나왔다. 병원균이 생성할 수 있는 신경독소에는 여러 유형이 있으며, 여기에서 연구한 사례에서는 두 가지 유형이 확인됐다. 한 가지 유형(A형)에 감염된 어린이는 꿀을 섭취한 후에도 아무 이상이 발견되지 않았다. 그러나 B형에 걸린 어린이의 거의 절반이 꿀을 먹은 적이 있는 것으로 조사됐다. 대조군 어린이들 사이에서는 그 수치가 10퍼센트 미만이었다. 이를 환산하면 꿀을 섭취한 어린이는 B형 보툴리누스균에 감염될 위험이 7배 이상 증가한다는 결론이 나온다. 동시에 캘리포니아의 모든 벌꿀 제품의 10분의 1에서 병원균이 발견됐는데, 이는 이전의 소규모 연구에서는 발견되지 않은 수치였다. 따라서 어린이와 성인 모두 꿀을 통해 병원균을 섭취할 수 있다는 명확한 설명이 가능해졌다. 성인의 몸은 이러한 병원균을 효과적으로 죽일 수 있지만, 어린아이들의 경우 병원균이 독소를 생성할 수 있을 만큼 오랫동안 체내에 머무르는 경우가 있는 것이다.

그러나 이 연구는 또한 많은 사례에서 꿀이 질병과 아무런 상관이 없음을 밝혀냈다. 몇몇 사례에서는 집 안 식물과 정원에서도 병원균이 발견됐다. 결과적으로 보툴리누스균에 감염되는 경로는 여러 가지이지만, 유아에게 꿀을 주지 않는 것은 그중에서도 가장 쉬운 예방법이라 할 수 있다. 따라서 보고서 마지막에 명확한 권장 사항이 제시됐다. 전 세계적으로 보고된 유아 보툴리누스 중독 사례 중 가장 연령대가 높은 아기가 생후 8개월이었으므로 1세 미만의 어린이에게는 꿀을 먹이지 않는 것이 좋다는 것이다. 이 보고서가 발표되기도 전에 미국 보건 당국과 세계 최대 벌꿀 생산업체 모두 이러한 견해를 공유했다.

하지만 이 논문의 공동 저자인 스티븐 아논Stephen Arnon과 테드 미두라Ted Midura는 이에 만족하지 않고, 40년 동안 상황을 계속 관찰했다. 두 사람 모두 이 새로운 질병에 대한 치료법을 연구하고 있었다. 40년 후 이에 관한 자료를 업데이트하면서 이들은 전체 질병 사례 중 4퍼센트만이 꿀 섭취와 관련이 있을 수 있다고 보고했다. 이들의 권장 사항이 100퍼센트는 아니지만, 어느 정도는 근거가 있다는 것이다. 오늘날 인터넷에서 유아의 꿀 섭취에 대한 정보를 찾아보면 분명한 지침이 내려져 있다. **꿀을 멀리하라.** 로베르트 코흐 연구소는 보툴리누스 중독에 대한 지침에서 꿀과의 연관성을 명시했다. 독일 일간지 〈디 벨트Die Welt〉에서도 다소 오해의 소지가 있는 표제로 벌꿀에 대해 경고했다.

"유아는 꿀을 먹고 질식할 수 있다."

보툴리누스 중독으로 인한 사망이 호흡 근육 마비로 인해 발생한다는 점에서 이 헤드라인은 틀린 말이 아니지만, 여전히 어느 정도는 오해의 소지가 있는 경고문이 아닐 수 없다. 어느 쪽이든 연구자인 아논과 미두라 두 사람이 자신들의 연구 결과가 많은 이들의 생명을 구하는 데 기여했다고 주장할 만하다.

하지만 문제의 핵심은 여기에 있다. 실제로 과학은 중요한 것을 통계로 해석하기를 좋아하지 않는다. 물론 극소수 유아들이 보툴리누스 중독으로 고난을 겪었다. 그들 중 일부는 꿀을 먹은 적도 있었을 것이다. 그러나 그것이 사실을 탐색하는 유일한 척도라면, 우리는 온갖 다른 것들도 주장할 수 있다. 예를 들어, 미국 캔자스주에서 발생한 절도 건수는 지구와 해왕성 사이의 거리와 기묘하게 닮았다고 한다. 농담이 아니다! 태양계에서 가장 바깥쪽에 있는 행성인 해왕성은 태양보다 지구에서 약 30배 더 멀리 떨어져 있다. 1985년부터 2022년까지 이 거리는 해마다 조금씩 줄어들고 있으며, 전체 인구 대비 캔자스주에서 발생한 강도 건수도 비슷하게 감소하고 있다. 물론 이러한 상관관계가 무의미함을 우리는 알고 있다. 두 변수 간의 통계적 관계가 아무리 밀접하다고 해도 하나가 다른 변수로 이어지는 방식에 대해 설명할 수 있는 논리가 없기 때문이다. 반면에 꿀과 보툴리누스 중독의 경우에는 나름의 설명이 가능하다. 하지만 그것이 결정적인 요소라면, 과학은 궁극적으로 통계적 관계에 대해 더 설명을 잘하는 사람이 승리하는 허구의 장에 지나지 않을 것이다.

따라서 일반적으로 당신이 자연과학의 열렬한 팬이라면, 실험을 통한 증거라는 보다 명확한 형태의 증거를 요구하는 것이 당연하다. 관찰이 모든 과학적 호기심과 흥미의 시작이라면, 실험은 데이터를 한 번에 묶어 사실과 의견을 구분하는 역할을 한다.

실험은 무엇으로 만들어지는가

이를 위해 실험이 무엇을 의미하는지에 대해 간단히 논의하고자 한다. 일상생활에서 이 개념은 다소 모호하다. 우리는 보통 실험을 어떤 종류의 적극적인 시도를 의미하는 것으로 이해한다. 누군가가 나에게 "이것 봐, 이제 내가 실험을 해볼 거야"라고 말하면, 우리는 그 사람이 입에 들어갈 수 없을 정도로 큰 케이크를 입에 넣거나, 느닷없이 전자 스쿠터에 올라타거나, 동물원의 북극곰이 어떻게 반응하는지 보기 위해 갑자기 몸을 부풀리는 행위 같은 것을 하리라고 짐작한다.

하지만 이것은 과학적 의미에서의 실험이 아니다. 왜냐하면 실험에는 대조군이 포함돼야 하기 때문이다. 예를 들어, 두 개의 관엽 식물이 있는데, 그중 하나에만 정기적으로 물을 주는 것을 실험이라 할 수 있다. 실험의 질은 무엇보다도 대조군과 실험군을 얼마나 잘 비교하느냐에 달렸다. 둘 다 동일한 식물 종이어야 하고, 똑같은 화분에 심어야 하며, 같은 공간에 나란히 두어야 한다. 그래야 같은 양의 햇빛을 받을 수 있기 때문이다. 그렇게 할 때 비로소 실험이 성립된다. (이는 또한 책과 영화에 등장하는 전형적인 미치광이 과학자의 모습이 현실의 과학 세계를 묘사하는 것과 거리가 멀다는 점을 의미한다. 거대한 파멸의 레이저를 만들어 인류를 정복하려는 사람은 엄격한 의미에서 미치광이 과학자가 아니라 미치광이 공학자다.)

반면, 유아의 꿀 섭취와 보툴리누스 중독에 관한 가설을 검증하고자 대조군을 찾았던 연구자들은 과학 실험의 바람직한 모습에 매우 가깝다고 할 수 있다. 이를 위해서는 꿀을 제외하고는 대조군 유아와 다른 유아의 모든 조건이 동일해야 했다. 꿀을 먹은 유아와 먹지 않은 유아 사이에 다른 식습관 차이가 전혀 없다는 것도 100퍼센트 확실히 해야 한다. 누가 알겠는가. 어쩌면 다른 감미료를 받아들이지 못해서 부모가 꿀을 선택하게 된 경우가 있을지도 모른다. 그리고 이런 경우에, 상상이지만, 보툴리누스 중독을 일으키는 것은 바로 이 내성 요인일 수도 있다. 그러면 꿀에 대해 밝혀진 부분은 순전히 오류라고 볼 수도 있는 것이다. 이것이 바로 우리가 실험에 엄격해야 하는 이유다. 정확한 과학적 실험을 하려면 아이들을 완전히 무작위로 선택한 후, 실험군과 대조군으로 무작위로 나누어야만 한다. 이렇게 하면 두 그룹 간의 무작위적 차이가 서로 상쇄돼 결과에 영향을 미치지 않게 된다. 그러나 이런 실험 방식이 이루어지지 않았으므로, 유아의 꿀 섭취와 보툴리누스 중독의 연관성은 실험적으로 입증되지 않았으며, 앞으로도 실험적으로 입증될 수 없다. 실험을 하려면 일부러 아이들에게 유독 성분을 먹여야 하기 때문이다.

물론, 그렇다고 해서 그 결과를 인정하지 말아야 한다는 뜻은 아니다. 우리 아이들은 생애 첫해 동안에는 꿀을 먹이지 않았고, 아는 부모 중 누구라도 아기에게 꿀을 먹인다고 하면 나는 분명 강하게 반대했을 것이다. 위험 가능성이 너무나 명백하기 때문이다. 하지만 누군가가 꿀과 보툴리누스 중독 사이에 연관성이 있는지, 즉 과학적으로 그 연관성이 의심의 여지없이 입증됐는지 묻는다면, 나는 대답하기 전에 매우 신중하게 고민할 것이다.

이상적인 실험 조건에 부합하지 않고도 그것에 가까이 다가갈 수 있는 상황이 있다. 가령, 학교에 새로운 커리큘럼을 도입하고 싶지만 행정적인 이유로 하려던 수업의 절반밖에 진행할 수 없는 경우가 있다. 또는 새로운 건축 자재가 시장에 출시됐지만 아직 모든 건설 현장에 공급할 만큼의 물량이 충분하지 않은 경우도 있다. 이런 경우 실험군과 대조군을 분리하는 것이 자연스럽다. 이런 상황에서 연구가 수행된다 하더라도, 여전히 무작위 배정이 이루어진 실험 수준에는 미치지 못한다. 학생들이나 건설 현장에 인위적 배정이 이미 이루어졌을 수 있으며, 이는 역으로 결과에 영향을 미칠 수 있기 때문이다. 준실험Quasi-Experimenten은 이런 상황을 가리키는 개념이다. 우리가 일상생활에서 특히 흥미롭거나 유용하다고 생각하는 연구 결과들은 실제로 준실험의 결과인 경우가 많다.

예를 들어보자. 임신 중 알코올 섭취의 일반적인 위험성은 의심할 여지가 없다. 우리가 일상생활에서 '알코올'이라고 부르는 물질은 몸 전체에 퍼져 손상을 일으키는 매우 놀라운 분자다. 성인에게는 두말할 나위 없이 매우 큰 즐거움을 주지만, 태아에게는 치명적인 결과를 초래한다. 유럽에서는 태아의 1~2퍼센트가 소위 태아

알코올 스펙트럼 장애를 가지고 태어난다고 추정된다. '스펙트럼 Spectrum'이라는 용어에서 알 수 있듯이 이 장애는 그 심각성이 매우 다양하게 발현되는데, 심장부터 골격, 뇌에 이르기까지 기본적으로 모든 신체 체계에 영향을 미칠 수 있다.

알코올을 완전히 피하는 것은 불가능한 일이 전혀 아니다. 대기오염이나 환경 소음과 같은 위험 요소와 달리 알코올은 보통 우리가 의식적으로 마시기로 결정한다. 그러나 중독 상태이거나 사회적 압력이 거센 경우라면, 술을 멀리하기가 매우 어려울 수 있으며 임신 중 문제가 조기에 발견되는 것도 아니다. 게다가 모든 임신부가 알코올의 위험에 대해 숙지하고 있지도 않다. 설문 조사에 따르면, 독일 여성의 약 14퍼센트가 임신 중 음주를 했다고 대답했는데 이는 전 세계적으로도 매우 드문 경우다. 또한, 이와 같은 행동은 이민자 가정이 아닌 산모들에게서 훨씬 더 흔하게 볼 수 있으며, 상류층에서 더 자주 볼 수 있는 패턴이기도 하다. 다시 말해 지배적인 독일 문화라는 것이 있다면 불행히도 임신 중 음주도 그 일부에 속하는 것으로 보인다.

그런데 임신부의 8분의 1 이상이 (대체로 소량의) 알코올을 섭취하고, 이로 인해 1~2퍼센트의 태아에게서 문제가 발생한다면, 일정량의 알코올을 섭취하는 것이 태아에게 해를 끼치지 않는다고 가정하는 것이 타당할 수 있다. 그중 하나가 소위 선형 상관관계, 즉 술을 많이 마실수록 더 많은 폐해가 발생한다는 가정이다. 이것을 선형 관계linearen zusammen라고 하는데, 이는 통계적 다이어그램에서 직선으로 표현된다. 왼쪽 하단에서 시작할 때는 알코올 섭취가 전혀 없고 문제도 없다. 그러다 양쪽 축이 선형적으로 올라가 오른쪽 상단에 도달할 때까지 알코올 섭취량은 늘어나고 알코올 관련 증상도 뚜렷하게 증가한다. 이 경우의 결론은 위험이 없는 한계를 정의할 수는 없지만, 가장 합리적인 권고는 '알코올 섭취가 적을수록 좋고, 가능하면 전혀 마시지 않는 것이 가장 좋다'라는 것이다.

하지만 이러한 선형성은 처음에는 몇 가지 그럴듯한 가정 중 하나에 불과하다. 상관관계는 마치 도표에 문자 J가 그려진 모양으로 나타날 수도 있다. 알코올 소비량이 증가하더라도 처음에는 문제가 잘 보이지 않다가 어느 순간 급증하는 것이다(아이스하키 문화가 강한 나라라면 이러한 형태를 하키 스틱 형태라고도 할 수 있다). 만약 이런 상관관계가 나타난다면, '알코올을 전혀 마시지 않는 것이 가장 좋지만, 극소량은 해가 되지 않는다'라는 권고를 내릴 수 있을 것이다. 마지막으로, 약간의 알코올이 아기에게 도움이 된다는 가정도 있을 수 있다. 이는 하루 한 잔의 와인이 심장 문제를 비롯한 여러 질병에 도움이 된다는 매체를 접한 데서 발생한 개념일 수도 있다.

이 모든 모델이 과도한 알코올 섭취가 해롭다는 것에 동의하는 만큼, 알코올의 유해성에 대한 논의는 적은 양의 섭취조차 문제가 되는지 여부로 귀결될 수 있다. 몇 년 전, 이 문제를 밝히기 위해 메타 연구, 즉 여러 연구를 분석하는 연구가 진행됐다. 연구진은 1950년 이후 임신 중 소량 음주의 위험성을 평가하는 데 관련된 모든 연구를 검토했다. 결과는 실망스러웠다. 이 주제에 대한 연구는 매우 적고, 그중에서도 만족할 만한 수준의 연구는 극히 드물었다. 결국 소량의 음주가 아이에게 어떤 이점이 있다는 증거는 없으며, '인과 관계를 명확히 구분할 수 있는 연구 설계', 즉 준실험의 핵심 문제인 원인과 결과를 구별하는 데 적합한 새로운 연구가 필요하다는 결론이 내려졌다. 하지만 이 분야에서는 그런 연구조차 가능하지 않다.

결국 과학적으로 임신 중 안전한 알코올 섭취 한계가 있는지, 있다면 그 기준이 무엇인지 규명하기란 불가능하다. 그럼에도 불구하고, 임신부들에게 제공되는 정보 부족 문제 등을 고려해 공중보건을 위한 권장 사항이나 지침을 마련할 필요는 있다.

이 주제에 대한 공식 지침은 자세한 문구를 결정하는 데 얼마나 많은 논쟁이 있었는지를 보여준다. 예를 들어, 독일연방보건교육센터의 관련 안내서에는 다음과 같이 적혀 있다. '임신 중 어느 시점에 어느 정도의 알코올이 해를 끼치는지 정확히 알려져 있지 않습니다. 따라서 아이의 건강을 위해, 임신 기간 내내 알코올을 섭취하지 마세요.' 이는 기존의 불확실성을 명확히 설명한 후, 명확한 메시지를 전달하고 있기 때문에 합리적인 지침으로 보인다. 알코올 섭취는 '예방 원칙'에 따라 완전히 금지하는 편이 부정적인 결과를 피할 수 있기 때문이다. 동시에 금주를 돕기 위한 지원 프로그램도 제공되며, '임신 사실을 모르고 술을 마셨던 사람들은 너무 걱정하지 말라'는 조언을 통해 강경한 메시지를 어느 정도 완화하고 있다.

그러나 이보다 덜 신중하게 작성된 지침도 있다. 메타 연구의 저자들이 언급한 예는, 현재는 변경된 영국 보건 당국의 과거 권고안이다. 당시 권고안에는 '임신 초기에는 금주하되, 이후에는 일주일에 하루나 이틀, 한두 잔 정도로 제한하라'는 내용이 쓰여 있었다. 문제는 이러한 권고안이 사실에 기반하지 않고, '사실이 부족한 상황에서 만들어진 의견'에 불과하다는 점이다.

공중보건 혹은 독일에서 '인구 기반 의학Population-Based Medicine'이라고도 불리는 이 분야는 이러한 상황에 매우 익숙하다. 예를 들어, '학교 폐쇄가 코로나19의 확산에 중대한 영향을 미칠 것인가?'라는 가설은 실험적 방법으로 명확한 답을 얻을 수 없는 문제다. 운이 좋으면, 다른 나라에서 이미 학교를 폐쇄한 사례나 실험실에서 교실의 환기 상황을 재현한 연구 등을 통해 어느 정도 근접한 정보를 얻을 수 있다. 그러나 이런 방식으로도 가설을 명확하게 검증하기란 불가능하다. 결국 불완전한 정보에 기반해 결정을 내려야 하는 것이다.

이 문제에 대한 근본적인 해결책은 없다. 마치 벽돌 몇 장이 빠진 벽을 쌓아야 하는 상황에 직면하게 되는 것이다. 따라서 이런 상황에서는 엄격하게 과학적인 접근을 하는 것이 더욱 중요하다.

현대의 역학epidemiology은 본질적으로 급박한 상황에서 구조화된 사실을 필사적으로 찾는 이러한 순간에 기반을 둔다. 독일윤리위원회 의장인 알레나 바익스Alena Buyx 박사가 적절하게 표현했듯이, 코로나 팬데믹은 제2차 세계대전 이후 가장 큰 사회적 위기였다. 우리는 팬데믹과 전염병이 과거에도 인류의 끊임없는 동반자였다는 사실을 쉽게 잊곤 한다. 다만, 그 확산 속도에서 차이가 났다. 오늘날 세계는 매우 긴밀하게 연결돼 있어 새로운 병원체가 훨씬 더 빠르게 퍼질 수 있다. 과거에는 감염된 사람이 배를 타고 전 세계에 감염을 퍼뜨리는 경우도 있었으며, 군사 작전이나 식민지 개척 중 면역 체계가 익숙하지 않은 병원체에 노출돼 최악의 발병이 발생하기도 했다. 이러한 이유로, 또한 오늘날 우리는 감염에 대해 훨씬 더 많은 것을 이해하고 있으므로, 과거의 질병 발생 상황을 오늘날의 그것과 비교하기란 어렵다.

콜레라 지도의 사례

1854년 런던의 상황을 상상해보자. 당시 콜레라가 기승을 부리며 각 지역마다 엄청난 수의 목숨을 앗아가고 있었다. 콜레라가 정확히 어떻게 퍼지는지, 어떻게 대처할 수 있는지도 오리무중이었다. 결국 이 지역 의사인 존 스노 박사가 엉킨 매듭을 풀었다. 그가 해결한 방식은 과학사에서 전설이 됐는데, 모든 전설이 그렇듯 종종 잘못 전해지기도 한다. 가장 흔히 알려진 이야기는 이렇다. 스노 박사는 런던 지도를 그린 후, 건물별로 콜레라 사망자 수를 표시했다. 그는 지도에서 특정 지역에 사망자가 집중됐음을 발견했고, 콜레라가 덜 퍼진 지역과 비교했다. 그가 눈치챈 가장 큰 차이점은 바로 심각한 피해를 입은 지역이 특정 급수 펌프로부터 물을 공급받고 있다는 것이었다. 스노 박사는 곧장 그 펌프의 손잡이를 제거해 사람들이 다른 곳에서 물을 가져다 쓰게 했고, 그 결과 사망자가 급감하는 것을 볼 수 있었다.

하지만 실제 이야기는 조금 다르다. 스노 박사는 처음부터 지도를 만든 것이 아니라, 강력한 가설로 시작했다. 그는 이미 1849년에 발표한 논문에서 자신의 이론을 설명한 적이 있다. 당시 사람들은 콜레라의 원인을 밝히기 위해 다른 질병과의 특성을 비교하는 방식에 의존했다. 예를 들어, 어떤 장기가 먼저 영향을 받는지, 병의 진행 속도는 어떤지 등을 살펴보았다. 그리고 비슷한 특징을 가진 질병의 전파 경로를 알면, 콜레라도 비슷한 방식으로 전염된다고 생각했다. 그러나 스노 박사는 다르게 생각했다. 그는 누가 누구에게 감염됐는지에 더 주목했다. 콜레라는 홍역처럼 공기를 통해 퍼지기에는 전파 속도가 너무 느렸고, 혈액을 통해 전파되기에는 감염이 너무 쉽게 이루어졌다. 그래서 그는 콜레라가 몸에서 나오는 분비물을 통해 감염된다는 가설을 세웠다. 스노는 콜레라 환자 가족의 너러운 침대 시트가 물에 세탁된 후, 그 물이 다시 지역 급수 시스템으로 흘러들어가고, 그 직후에 지역의 다른 주민들이 감염되는 모습을 관찰했다. 일부 주민들이 안전을 위해 지역을 떠난 탓에 그의 데이터는 왜곡되기도 했지만—따지고 보면 그도 가로등 불빛 아래에서 열쇠를 찾고 있었던 셈이다—스노는 이 또한 알고 있었다. 오늘날의 많은 과학 논문처럼, 그의 보고서도 다른 연구자들이 연구를 계속하길 원한다는 요청으로 마무리된다. 그러나 이 논문이 거의 200년 전에 작성된 만큼, 그의 간청에는 상당히 문학적인 분위기가 넘친다.

"만약 저자의 의견이 옳다면, 우리 사회나 상업적 활동에 영향을 주지 않는 간단한 조치만으로도 콜레라를 억제할 수 있을 것이다. 그렇게 함으로써 우리는 가장 무서운 적의 힘을 빼앗을 수 있을 것이다."

이 글에서는 아직 콜레라 지도가 언급되지 않았다. 그러나 그 지도는 실제로 존재하며, 오늘날의 시각에서 보더라도 여전히 인상적이다. 런던 지도 위에 사망자 수를 막대기로 표시하고, 점선으로 각 지역이 어떤 급수 펌프로부터 물을 공급받는지 보여주는 방식을 취했다. 이는 전염병학의 시작을 상징하는 멋진 상징이기도 하다. 나는 어째서 이 지도가 더 많이 포스터로 만들어져 벽에 걸리거나, '너드'들이 입고 다니는 프린트 티셔츠로 팔리지 않는지 의아할 뿐이다. 하지만 이 지도는 이미 몇 년 동안 존재했던 가설을 시각적으로 확인시켜주는 역할에 불과했다. 스노 박사는 지도 제작자라기보다는 사상가에 가까웠다. 하지만 그렇다고 해서 그의 업적이 덜 놀라운 것은 아니다.

게다가 스노 박사가 직접 펌프 손잡이를 풀어버린 것도 아니었다. 그는 자신의 관찰 결과를 당국에 전달했고, 당국은 즉시 해당 조치를 결정하고 실행에 옮겼다. 전설은 이 과정을 좀 더 흥미롭게 각색했을 뿐이다.

오늘날 언론에서 특정 현상의 지역 분포를 보여주는 지도를 볼 때가 있다. 감염병 확산 지도나 전기차 판매량 지도 등이 그것이다. 그러나 이런 지도들은 인구 자체가 이미 특정 방식으로 분포돼 있다는 사실을 종종 간과한다. 예를 들어, 독일에서 영화 〈캣츠〉를 본 사람들이 사는 지역 지도를 하나 그리고, 맨손으로 누군가를 목 졸라 죽인 사람들이 사는 지역 지도를 또 하나 그린다면, 두 지도는 거의 동일한 분포를 보여줄 것이다. 하지만 이 사실이 영화를 본 사람들이 광기에 휩싸여 살인을 하게 됐다는 뜻은 아니다(물론 그 영화를 알고 있는 나로서는 그럴 가능성도 충분히 있다고 생각한다). 단지 두 경우 모두 인구밀도가 높은 지역에서 더 많은 사례가 발생했을 뿐이다. 라이프치히에서는 이런 사건이 발생할 가능성이 더 높고, 헤센주의 작은 마을인 린젠게리히트에서는 같은 일이 발생할 가능성이 훨씬 적을 것이다.

이런 지도들이 의미 있는 결론을 내기 위해서는 인구밀도를 반영해 조정해야 한다. 극단적인 사례는 미국 대통령 선거 지도에서 쉽게 찾아볼 수 있다. 미시시피주와 뉴욕주는 면적이 거의 비슷히다. 만약 한 주는 공화당, 다른 주는 민주당에 투표했다면, 지도에서는 두 주가 빨간색과 파란색으로 표시되며 마치 접전을 벌인 듯 보인다. 그러나 이는 오해를 불러일으키는 방식이다. 왜냐하면 뉴욕주의 인구는 미시시피주의 인구보다 거의 일곱 배나 많기 때문이다. 때때로 이런 왜곡을 보완하기 위해 주에 인구수에 비례하는 높이의 기둥을 추가해 표현하기도 한다. 하지만 우리는 이런 방식에 익숙하지 않기 때문에, 오히려 더 혼란스러워진다. 게다가 미국에서는 인구밀도가 높은 지역일수록 민주당 성향이 강하고, 인구밀도가 낮은 지역일수록 공화당 성향이 강한 경향이 있다. 따라서 이런 지도에서는 우파(공화당)가 좌파(민주당)보다 시각적으로 더 유리한 효과를 얻는 경우가 많다. 그래서 민주당 지지자들은 종종 소셜 미디어에서 이렇게 반박한다.

"투표하는 건 '땅'이 아니다."

결론은 이렇다. 지도는 실험 노트처럼 관찰 결과를 정리하고 기록하며, 인간의 인식과 기억의 함정을 극복하는 데 매우 유용하다. 그러나 런던 콜레라 이야기는 꿀과 술의 이야기와 마찬가지로 우리에게 다른 의미를 전달한다. 때로는 어떤 것에 대해 반응하기 위해서 확실히 알아야 할 필요가 없을 수도 있다. 특히 공중보건 분야뿐만 아니라 다른 분야에서도 실험적으로 검증된 데이터와 이 주장을 충족할 수 없는 데이터가 혼재돼 있는 경우가 많다.

우리는 모든 것을 확실히 알 수 없다. 이는 중요한 결정에 대해서도 마찬가지다. 때로는 생명을 구하기 위해 펌프의 손잡이를 떼어버려야 할 때가 있다. (의학에서는 '2차 진단 결정'이라는 용어가 있는데, 이를 표현하면 다음과 같다. "이제 그냥 맹장을 제거해버립시다. 그렇게 해도 해롭지 않고, 어쩌면 그게 정말로 문제였을 수도 있으니까.")

페르미 추정

이렇게 중요한 결정을 종종 불완전한 사실을 바탕으로 내려야 한다는 건 매우 답답할 수 있다. 그러나 우리가 정확하게 알 필요가 없는 경우, 대체로 대략적인 척도만 알면 때로 충분한 경우도 있다. 여기에서 말하는 '규모'는 수학적·과학적 관점에서의 '규모', 더 정확히 말하면 십진법적 규모를 가리킨다. 이것은 숫자 끝에 있는 0의 개수에서 쉽게 찾아볼 수 있다. 예를 들어, 내 주머니에 100유로가 있다고 생각하지만, 실제로는 10유로짜리 지폐 한 장만 있다면, 나는 규모를 잘못 파악한 것이다. 100이라는 숫자는 10이라는 숫자보다 0이 하나 더 많기 때문이다. 만약 주머니에 1유로짜리 동전 하나만 있다면, 나는 두 자릿수나 잘못 파악한 셈이다. 또 다른 예는 '결과는 센티미터 범위 안에 있다'라는 문장이다. 이 문장은 숫자의 규모를 정해준다. 밀리미터, 센티미터, 데시미터는 각각 끝에 붙는 0이 하나씩 다르기 때문이다.

십진법적 규모는 매우 임의적인 측정 단위처럼 들릴 수 있지만, 결과를 규모로 나누는 데는 결정적인 장점이 있다. 처음에는 대답할 수 없을 것 같은 많은 질문들이 규모 안에서 쉽게 정의될 수 있기 때문이다. 예를 들어, 새 차의 가격은 10의 4제곱(10,000) 범위에 있다. 즉, 몇만 유로다. 이는 일상생활에서는 대개 너무 모호하게 느껴진다. 우리는 1만 4,000유로짜리 차는 살 수 있을지 몰라도 5만 2,000유로짜리 차는 쉽게 살 수 없기 때문이다. 그래서 우리는 종종 추정의 규모에 쓴웃음을 짓게 된다. 하지만 여기에서 우리가 이야기하는 것은 일상생활의 문제가 아니라 사실을 탐색하는 문제다. 이 이야기는 물리학자 엔리코 페르미에 관한 이야기로 이어진다. 그는 무엇보다 최초의 원자폭탄을 연구한 사람이다(또한 '중성미자'라는 이름을 지은 인물이다. 기억나는가?).

영화 〈오펜하이머〉는 과학의 역사를 매우 탁월한 방식으로 잘 표현했지만, 당연히 영화에서는 많은 부분이 생략됐다. 영화의 길이가 정확히 3시간(3시간 9초)이라는 사실은 영화 관계자들이 3시간이라는 마법의 숫자에 도달할 때까지 계속 편집을 했음을 의미한다. 그 이상이면 영화가 '너무 길게' 여겨질 수 있기 때문이다. (일화에 따르면, 같은 이유로 영화 〈타이타닉〉의 상영 시간이 '2시간 74분'으로 영화관에 표기됐다고 하는데, 실제로 그렇게 표시됐는지는 확인할 길이 없다.) 엔리코 페르미는 원자폭탄 개발에 매우 중요한 역할을 했지만, 결과적으로 좋지 않은 평가를 받은 많은 인물 중 한 명이다.

세밀하게 보지 않으면, 영화의 중심 주제 중 하나인 사실을 놓치기 쉽다. 원자폭탄 첫 실험의 폭발력이 원래 예상보다 훨씬 강하게 발생할 경우, 이를테면 뉴멕시코 전체나 심지어 전 세계를 파괴할 정도로 강력할 경우, 어떤 일이 일어날지에 대한 질문을 제기한 사람이 바로 페르미라는 점이다. 영화에서 그리고 실제로도 그랬듯이, 첫 원자폭탄 실험(코드명 '트리니티^{Trinity}')의 밤에 물리학자들은 폭발력의 강도를 맞추는 내기를 했다. 이때 페르미는 그 실험이 종말을 불러올지 여부에 관한 문제를 두고 부수적인 내기를 제안했다. 이 장면은 대본에 나와 있지만, 영화에서는 단지 암시만 할 뿐인데 아마도 3시간이라는 러닝 타임 제한 때문일 것이다. 영화에서 오펜하이머는 폭발력의 강도가 3킬로톤일 것이라는 데 걸었다고 말한다. 이는 3,000톤의 TNT를 쌓아 올린 다음에 폭발시키는 것과 같은 강도의 폭발력이다. 이 설명은 영화의 기초가 된 오펜하이머 전기에서도 나온다. 하지만 최초의 원자폭탄 제작 과정을 매우 상세하게 기록한 책에서는 다른 숫자를 제시한다. 이에 따르면 오펜하이머는 그보다 훨씬 적은 300톤에 내기를 걸었다고 하는데, 이는 한 자릿수 차이가 나는 숫자다.

어쨌든, 첫 번째 빅뱅이 일어나기 전, 폭발로 인해 방출될 힘의 크기에 대해서는 상당한 불확실성이 존재했다. 예상치는 최대 4.5킬로톤에서 최소 0까지 다양했다. 하지만 실험은 실험이었고, 모든 실험은 실패할 가능성이 있기 마련이었다. 엔리코 페르미는 세계의 종말이 임박할 수도 있다는 자신의 이론적 우려에도 불구하고(혹은 어쩌면 그 때문에) 이 실험에 직접 참석했다. 페르미의 말에 따르면, 그는 즉석에서 자신만의 방법으로 폭발력을 측정했다. 폭발의 충격파기 자신에게 도달하기 전과 도중 그리고 후에 몇 개의 종잇조각을 바닥에 떨어뜨리는 방법이었다. 바람이 불지 않는 상황이라면, 폭발의 위력에 따라 종이의 움직임이 결정되기 때문이었다. 페르미는 약 6피트(약 1.8미터) 높이에서 종이를 던졌는데 종이는 충격파에 의해 약 7피트(약 2.1미터) 정도 밀려났다. 당시 그는 폭발 지점에서 약 10마일(약 16킬로미터) 떨어진 곳에 있었다. 이 정보를 바탕으로 그는 즉석에서 폭탄의 위력을 대략 계산했는데, 그 결과는 10킬로톤의 TNT를 쌓아 올린 뒤 폭발시킨 것과 같았다. 이는 오펜하이머가 보고한 추정치보다 훨씬 높은 수치였다.

그렇다면 페르미의 추정치는 얼마나 정확했을까? 그리고 실제 폭발력은 어느 정도였을까? 다행히도, 폭발이 지구 대기를 점화시켜 즉각적으로 모든 생명을 절멸시키는 일은 일어나지 않았다. 하지만 이 실험의 폭발력을 정확히 평가하는 일은 결코 간단하지 않았다. 수많은 측정 장비와 카메라가 동원됐음에도 불구하고, 그 결과를 해석하는 과정에서 여러 가지 불확실성이 존재했으며, 그것은 현재도 마찬가지다. 첫 번째 공식 발표에서는 폭발력이 18킬로톤이라고 발표됐으며, 오차 범위는 20퍼센트로 비교적 높았다. 전쟁이 끝난 후, 이 수치는 21킬로톤으로 상향 조정됐다. 그리고 몇 년 전, 인류 최초의 핵폭발이 일어난 지 75년이 지난 시점에서, 이 결과를 다시 검토해야 한다는 의견이 제기됐다. 그동안 세계는 새로운 측정 방법을 개발했으며, 2,000회 이상의 핵실험을 진행했다. 물론 이러한 실험들 대부분은 순수한 과학적 관심보다는 정치적 이유로 수행됐다는 비판을 피할 수 없었다. 하지만 동시에, 이 실험들은 폭발력을 측정하는 경험을 쌓는 데 기여했다. 다시 말해, 유치한 '음경 길이의 비교'조차도 엄밀히 따지면 과학적 측정의 일환이라고 볼 수 있는 셈이다.

한 가지 문제는 최초의 핵폭발인 '트리니티'에서 측정할 수 있는 것이 거의 남아 있지 않다는 점이다. 하지만 한 가지 확실한 것은 폭발 당시의 강력한 열이 폭발이 일어난 주변의 모래를 녹여 유리로 만들었고, 이를 트리니타이트Trinitit라고 부른다는 사실이다. 트리니타이트 조각은 인터넷에서 구입할 수 있는데, 베를린 장벽의 돌과 마찬가지로 가짜에 속지 않도록 주의해야 한다. 최근 몇몇 (진품) 트리니타이트 표본에 대한 방사화학적 분석이 이루어졌다. 그 결과, 폭발력에 대한 추정치를 다시 한번 상향 조정해야 한다는 결론이 나왔다. 최신 분석에 따르면, 트리니티 실험의 폭발력은 24.8킬로톤(±2킬로톤)으로 추정된다. 그런데 시간을 거슬러 올라가면, 불과 몇 장의 종잇조각만을 사용해 단 몇 초 만에 추정치를 계산한 페르미의 결과가 오늘날, 수천 번의 추가 핵실험과 정밀한 화학 분석을 거친 최신 계산치의 절반 정도라는 점이 더욱 놀랍다.

이 짧은 순간이 페르미 추정Fermi-Schätzung이라는 개념이 태어난 때로 여겨진다. 페르미 추정이란 우리가 전혀 알지 못하거나 정확하게 측정할 수 없는 것에 대해 대략적인 추정을 내릴 때 자주 사용된다. 예를 들어, 미국 풍자 코미디언인 존 올리버John Oliver는 〈라스트 위크 투나잇Last Week Tonight〉이라는 시사 코미디 쇼에서 한 대형 컨설팅 회사가 직무 면접에서 "중국에는 돼지가 몇 마리 있을까요?"라는 질문을 한다는 사실을 풍자했다. 그러자 한 회사의 대표가 등장해 그 질문에서 중요한 것은 정확한 답이 아니라, 데이터가 불확실할 때 면접 후보자가 전략적으로 사고하며 문제를 의미 있는 범주로 나눌 수 있는 능력이라고 말했다. 진행자는 그 테스트가 결국 아무것도 모르면서 말 지어내기에 능한 사람을 고르는 데

최적이라며 빈정거렸다. 어쩌면 그런 사람이 회사가 정말로 찾는 인재일 수도 있겠지만 말이다.

하지만 나는 두 방법 모두 틀렸다고 확실히 말할 수 있다. 왜냐하면 그 질문은 단지 페르미 추정에 대한 당신의 지식을 테스트하는 것에 불과하기 때문이다. 따라서 나는 여러분이 앞으로 면접을 준비하거나, 중국 전역에 분포한 돼지 수나 시카고 지역의 피아노 조율사 수 등을 빠르게 추정해야 하는 상황에 대비할 수 있도록 도움을 주고자 한다.

이 전략은 매우 간단하다. 첫째, 문제를 개별적인 부분으로 나눈다. 둘째, 각 부분에 대해 숫자를 정하고 그 값을 한 자릿수로 반올림한다. 셋째, 모든 값을 곱하라. 여기에서 중요한 것은 모든 것이 정확하지 않아도 된다는 배짱이다! 우리 인간은 본능적으로 엄격한 분석적 사고를 하며, 부정확한 정보에 대해 혼란스러워하거나 화를 낸다. 하지만 페르미 추정에서는 모든 인간의 키가 2미터이며 1년이 400일이라고 가정하는 것이 가능하다. 이런 경우 보통 '하지만 그건 틀렸잖아. 틀린 정보는 우리에게 도움이 되지 않아' 하는 게 우리의 본능적인 반응이다. 하지만 페르미 추정에는 다른 원칙이 적용되므로 이런 태도가 필요 없다. 오히려 가지고 있는 정보에 의존하면서, 불확실성과 모호함이 결국 서로 상쇄되리라고 믿는다. 기본적으로 우리는 수학적으로 안전한 공간에 있으며, 여기에서는 계속 값을 바꾸어가며 머릿속으로 계산을 하는 것이 전혀 문제가 되지 않는다. 중국 전역에 분포한 돼지 수를 예로 들자면, 다음과 같이 계산할 수 있다. (식용 동물에 관한 이야기여서 다소 냉혹해 보일 수 있다는 점에 양해를 구한다.)

먼저 문제를 구성 요소로 나누어보자. 중국에 있는 돼지의 수는 정확히 중국 인구의 돼지고기 수요를 충족하는 만큼 있다고 가정해보겠다. 페르미 추정은 대략적인 계산이기 때문에 그 외의 다른 용도를 무시할 수 있다. 또한, 돼지는 고기가 되기 전에 일정 기간 살아 있어야 한다는 점을 가정해보겠다. 다시 말해, 돼지고기 수요에 대한 급박한 필요를 충족시키기 위해서는 중국에는 필요한 양보다 더 많은 돼지가 있어야 한다는 뜻이다. 왜냐하면 아직 성장 단계에 있는 돼지도 많기 때문이다. 이제 다음과 같은 하위 질문에 대한 답을 구해야 한다. 중국에는 얼마나 많은 사람들이 사는지, 이들이 하루에 얼마나 많은 돼지고기를 소비하는지, 돼지 한 마리가 얼마나 많은 고기를 생산하는지 그리고 돼지 한 마리가 그만큼의 고기를 생산하려면 얼마만큼의 시간이 필요한지 등등.

물론 나는 이 질문들을 검색 엔진에 입력할 수도 있다. 하지만 페르미 추정의 핵심은 그렇게 하지 않는 것이다. 이 순간, 나는 손안에 종잇조각밖에 없는 엔리코 페르미이고, 면접에서 이런 질문을 받고도 휴대폰을 사용할 수 없는 겁에 질린 구직자다. 그러니 부정확한 추측을 해볼 수밖에 없다. 중국에는 10억 명이 넘는 사람들이 살고 있다는 걸 알기 때문에, 이 숫자를 반올림해보겠다. 나는 돼지고기가 중국에서 인기가 있다는 것을 알지만, 사람들이 평균적으로 얼마나 먹는지는 전혀 모른다. 하지만 일반적으로 고기 1인분은 약

200그램 정도라는 사실은 알고 있으므로, 이제 평균적으로 중국인이 하루에 100그램의 돼지고기를 소비한다고 추정해보겠다. 다시 말하지만, 지금은 이 추정치가 얼마나 정확한지는 중요하지 않다.

돼지 한 마리가 얼마나 많은 고기를 생산하는지 나는 모른다. 하지만 소수점 크기의 원칙에 따라 100킬로그램이라고 가정해보겠다. 이는 10킬로그램보다는 많고, 1톤보다는 적다는 십진법 크기 원칙에 맞게 설정한 값이다. 이제 지금까지의 계산을 정리해보자. 10억 명의 사람이 하루 100그램씩 돼지고기를 먹는다면, 하루에 1억 킬로그램의 고기가 필요하다. 이는 머릿속으로 계산하기 쉬운 수치이고, 다음 단계는 더 간단하다. 하루에 1억 킬로그램의 고기를 한 마리 돼지가 100킬로그램씩 나누어 생산한다고 보면, 매일 필요한 돼지는 정확히 100만 마리라는 결론에 이른다.

여기에서 내가 추정할 수 없는 한 가지는 돼지가 도축되기까지 얼마나 오래 사는지에 대한 정보다. 여기에서는 추정 원칙에 따라 1년이라고 간단히 얘기해보겠다. 이를 위해 1년을 400일이라는 숫자로 반올림한다. 이제 앞에서 도출된 값을 곱해보겠다. 하루에 100만 마리의 돼지가 필요하고, 돼지가 400일 동안 살아 있다고 가정하면, 현재 중국에 있는 돼지 수는 4억 마리가 된다.

정답에 얼마나 가까워졌을까? 내가 찾을 수 있는 최신 공식 자료는 2023년 1월에 중국 정부가 발표한 것으로, 그 당시 중국의 돼지 수는 4억 5,256만 마리였다. 이는 내가 예상한 수치가 실제 숫자에 훨씬 더 가까운 결과라는 의미이고, 이로써 나는 큰 컨설팅 회사에 중요 직책을 맡을 수 있는 능력을 증명한 셈이다. 물론 농담이다. 이 예시에서 추정값은 실제 숫자와 유난히 가까운 편이다. 페르미 추정의 세계에서는 '트리니티'에서처럼 추정치가 실제 값의 절반 또는 두 배 정도의 차이라도 이 정도면 매우 결과가 좋은 것으로 볼 수 있다. 때로는 10배 차이도 성공적인 결과로 여겨지며, 이는 실제 값과 십진법 단위 차이 이내에 들어간다는 의미이다. 이런 추정값은 추가적인 고려가 필요한지 여부를 판단하는 데 유용하기 때문이다. 예를 들어, 파리까지 기차로 한 시간 만에 갈 수 있다면 주말여행을 가볼까 하는 생각을 쉽게 할 수 있을 것이다. 하지만 만약 10시간 이상 걸리는 여정이라면 그런 마음을 먹기란 힘들다. 여행 시간을 1시간에서 10시간 범위 내로 정하는 것은 내가 고민할 필요가 있는지를 결정하는 데 도움이 된다.

중국의 실제 인구가 얼마나 되는지, 1인당 돼지고기 소비량이 실제로 얼마인지에 대한 정확한 정보를 내가 꿰뚫고 있지는 않다. 내가 제시한 값에 틀린 부분이 많음을 나도 잘 안다. 하지만 여기에서 중요한 점은 치명적인 나의 실수들이 계산 과정에서 어느 정도 균형을 찾았다는 것이다.

작은 단서를 하나 덧붙이자면, 돼지 한 마리당 고기 생산량으로 100킬로그램을 사용한 것은 10킬로그램에서 1톤 사이의 범위를 고려하기 위해 좀 더 쉽게 접근한 부분이었다. 가독성을 위한 방식이라고나 할까. 사실 여기에서는 기하평균의 근사치라는 다른 측정값이 더 합리적이긴 하다. 이렇게 하면 지나치게 수학적으로 들릴 수 있지만, 이 부분을 빼고 넘어가기가 아쉬워서 덧붙인다. 지나치게 추상적으로 느껴진다면, 다음 문단은 건너뛰어도 무방하다.

대략적인 추정에서, 우리가 상한선과 하한선만을 알 수 있을 때는 산술평균(보통 우리가 말하는 평균은 이를 의미한다)보다 기하평균이 더 의미 있을 때가 많다. 돼지 한 마리당 고기 무게를 킬로그램 단위로 볼 때, 우리는 10과 1,000의 기하평균을 구해야 한다. 이를 계산하려면 제곱근을 사용해야 하는데, 이 방법은 너무 복잡하다(구직 면접 중에 이런 계산을 해야 하다니!). 대신 지수의 평균을 구하는 방법을 써보자. 처음엔 복잡하게 보일 수 있지만, 조금만 익숙해지면 꽤 쉽다. 핵심은 지수가 바로 0의 개수라는 점을 기억하는 것이다. 예를 들어, 10은 10^1, 즉 1에 10을 곱한 형태다. 1,000은 10^3, 즉 1에 1,000을 곱한 값이다. 이제 지수를 더하고 평균을 구해본다. 1 더하기 3은 4이고 이것을 2로 나누면 2가 된다. 추정된 기하평균은 1에 두 개의 0을 더한 숫자, 즉 100이다. 이는 내가 이미 추정했던 결과와 동일하다(정확한 결과와 매우 근접했으므로 다행이다). 또 다른 예시는 추정된 기하평균의 값을 더 명확하게 보여준다. 나는 어젯밤에 〈더 베어The Bear〉 시리즈를 얼마 동안 봤을까? 분명 20분 이상에서 400분 미만일 것이다. 그런데 숫자의 시작 부분에만 1이 있는 것이 아니므로 계수, 즉 작은 숫자도 중요하다. 20은 2×10^1이고, 400은 4×10^2이다. 지금까지 필요에 따라 어떤 숫자든 표현할 수 있는 과학적 표기법에 대해 설명했다. 그런데 지금까지 내가 밝히지 않은 사실이 두 가지 있다. 첫째, 우리는 단지 지수의 평균을 구하는 것이 아니라 계수의 평균도 구하고 있다. 지수가 정수가 되지 않으면, 지수를 내림해 전체 결과에 3을 곱한다. 이 경우, 계수의 평균(2와 4)은 3이고, 지수의 평균(1과 2)은 1.5이다. 1.5는 정수가 아니어서 1로 내림할 수 있으므로 결과는 3×10^1, 즉 30분이라는 숫자가 된다. 이 값을 내림으로 세 번 더 곱한 결과, 페르미 추정에 따르면 나는 어젯밤에 〈더 베어〉를 90분 동안 봤다는 결론에 이른다. 이 결과가 실제와 얼마나 가까운지는 비밀로 하겠다.

그렇다면 여기에서 우리는 무엇을 배울 수 있을까? 파티에서 잘난 척할 수 있는 기발한 방법이라는 것 말고 또 무엇이 있을까? 페르미 추정은 사실과 의견에 대해 무엇을 말해줄까? 기본적으로, 이 주제는 우리가 확실히 알 수 없는 몇 가지 큰 문제에 대한 작은 완충지대 역할을 한다. 페르미 추정이 말하고자 하는 것은 우리가 확실히 알 필요가 없는 것도 때로 있다는 것이다. 또한, 과학과 일상생활을 구분해야 함도 알려준다. 아기에게 꿀을 먹이는 일이나 19세기 런던의 펌프 손잡이는, 때로 확실하고 검증 가능한 데이터 없이도 과감하게 결정을 내려야 할 때가 있다고 우리에게 말해준다.

식어버린 카레를 먹으면서 프레디와 대화를 나눌 때, 나는 이 모든 것을 자세히 설명할 수는 없었다. 친구의 신경을 건드리고 싶지 않았기 때문이다. 다만, 우리가 어떤 것들을 정확하게 결정할 수 없는 때가 종종 있다는 점 그리고 그 또한 대체로 괜찮다는 것을 이야기했다. 그것은 실수였다. 왜냐하면 지나치게 간략히 전달된 생각은 아주 쉽게 오해를 불러일으킬 수 있기 때문이다. 마치 내가 사실이란 아예 없으며, 오로지 의견만이 있다고 한 것처럼 말이다.

그것이야말로 내가 프레디와의 대화에서 말하려던 바와는 아예 거리가 멀었다. 내가 분명히 말하고 싶었던 것은 사실에 대한 우리의 기준이 실제로 매우 높다는 것이었다. 우리의 인식과 기억, 일상생활은 사실을 발견하거나 활용하는 데 초점이 맞춰져 있지 않다. 우리의 뇌 활동 자체도 처음에는 검증된 사실을 제공하기보다는 이야기와 해석만 제공한다. 그리고 우리가 파리 여행을 계획하거나 외출 시 우산을 챙길 때, 우리는 검증된 사실이 아니라 경험과 판단을 바탕으로 삼는다.

물론 사실은 존재한다. 어떤 사실은 정확하게 판단할 수 있고, 어떤 것은 사실을 밝혀야만 한다. 그것이 일상생활에 어떤 영향을 미치든, 과학은 가능한 명확한 해결책을 찾을 때까지, 즉 사실을 밝혀낼 때까지 탐색을 멈추지 않는다. 그리고 탐색을 하는 데 명확한 방법의 도움을 받아야 한다.

우리는 때때로 설명할 수 없는 것을 관찰한다

셜록 홈스(내가 가장 좋아하는 배우 베네딕트 컴버배치가 역할을 맡은, BBC 드라마의 셜록 홈스)가 트렁크에서 시신이 발견된 차 옆에 무릎을 꿇고 있다. 레스트레이드 경감은 종종 그랬듯이 이 상황이 매우 혼란스럽다. 그 시신에서는 전날 추락한 비행기의 물품들이 발견됐다. 어리둥절한 표정으로 그는 셜록에게 다가간다.

"어떤 생각이 떠오르십니까?"

셜록 홈스는 대답한다.

"대략 여덟 개로 추려졌네요."

그 후, 그는 증거를 좀 더 자세히 살펴본다. 비행기 표, 여권 등을 확인하면서 그가 말한다.

"아니, 네 개군요."

잠시 뒤, 다시 말한다.

"어쩌면 두 개인 것 같군요."

셜록의 머릿속에서 일어나는 일은 다양한 아이디어나 설명을 분류하는, 나무를 가지치기하는 과정으로 시각화할 수 있다. 열매를 맺지 않는 가지는 그냥 잘라버리는 것. 명탐정 셜록 홈스는 사건에 대한 모든 가능한 설명을 고려한 후—이 경우에는 여덟 가지— 그것들을 가용한 데이터와 측정값과 비교하면서 좁혀나간다. 이때 가장 바람직한 과정은 냉장고 안의 요거트와 같은 예에서처럼, 그 자체로 검증될 수 있는 방법과 그것이 확인되거나 반박될 경우의 의미에 대한 제안이 수반되는 가설, 즉 견고한 가설이 따라오는 것이다.

이와 같은 셜록 프로세스, 즉 가설을 가능한 면밀하게 추려내는 과정이, 내 관점에서는 모든 과학의 핵심이다. 따라서 이를 아주 자세히 들여다볼 필요가 있다.

'내 관점에서'라는 표현을 추가해야 했던 이유는 다른 의견들이 있기 때문이다. 모든 과학자가 이러한 가설과의 싸움이 전체 과학 분야에 공통적으로 적용된다는 데 동의하지는 않는다. 물리학자 리 스몰린Lee Smolin이 쓴 '과학적 방법은 존재하지 않는다Es gibt keine wissenschaftliche Methode'라는 제목의 온라인 기사를 보면 이를 잘 알 수 있다. 이 기사는 대부분의 연구자들이 실제로 셜록식 방법을 따르지 않고, 대신 효과가 있는 방식을 선택해 실용적으로 대처한다고 말한다. 그럼에도 여전히 과학 공동체가 존재하는 이유는 공통된 방법론 대신, 공통의 윤리가 존재하기 때문이다. 연구자들은 데이터를 통해 의견을 도출하는 데 동의하며, 데이터와 수치가 부족할 경우, 다양한 의견을 폭넓게 수용하는 것에 동의한다.

일견 멋지게 들리지만, 실제로 연구자들이 일하는 방식은 그렇지 않다고도 볼 수 있다. 외부에서 보면 과학은 고귀한 목표와 강력한 철학적·윤리적 기반을 가진 학문으로 보이지만, 내부를 들여다보면 대개 오래전에 가장 저렴한 공급업체에서 주문한, 먼지 쌓인 톱니바퀴를 허겁지겁 볼트로 끼워 맞추는 방식으로 움직이고 있다. 바로 이런 이유로, 가설의 싸움이 어떻게 이루어져야 바람직한지에 대해 이야기하는 것만으로는 충분하지 않다. 이와 더불어 현실에서 발생하는 어려움들 또한 다뤄야 한다. 그리고 현실적으로, 서로 다른 의견을 똑같이 존중하기가 불가능한 경우도 있다. 예를 들어, 마스크 의무 착용을 도입할지 여부에 관한 문제를 보자. 이 경우, 비용 편익의 균형이 더 유리한 쪽을 선택해야 한다. 코로나19의 경우 마스크 착용이 더 유리하다고 볼 수 있다.

사실과 의견에 대한 논쟁은 보통 가설적 설명과 함께 가설적 사실을 주장하는 것으로 시작된다. 예를 들어, 이런 말들이 그렇다.

"저 이웃 사람은 항상 나를 무례하게 대하지. 분명 나를 싫어하기 때문일 거야."

"인간이 초래한 기후변화는 정치권이 퍼뜨리는 거짓말이다."

이 경우, 가설적 사실은 "인간이 초래한 기후변화는 존재하지 않는다"라는 문장이고, 이에 맞추어 가설적 설명을 제공하는 것이다. 또 다른 예로, 마술 쇼에서 무대로 불려 올라간 상황을 가정해보자. 턱수염이 수북한 마술사가 나를 똑바로 바라보더니, 갑자기 내 전화번호를 처음부터 끝까지 정확하게 읊는다. 여기에서 마술사는 직접 설명을 하는 것이 아니라 암시적인 메시지를 전달한다. 다시 말해, 그는 초능력을 가지고 있으며 내 생각을 읽을 수 있다는 것이다.

이 모든 경우에 가장 먼저 해야 할 일은 사실을 검증하는 것이다. 이미 언급했듯이, 이는 결코 간단하지 않다. 우리의 감각은 종종 우리를 속이며, 기억도 마찬가지다. 따라서 우리는 제시된 사실을 최대한 철저하고 과학적인 방식으로 검토해야 한다. 예컨대, '나는 어떻게 내 이웃이 나에게 무례하다는 것을 알 수 있는가?'라는 질문을 던져볼 수 있다. 따라서 설명으로 넘어가기 전에 제시된 상황을 확인하는 것이 가장 먼저 해야 할 일이다. 제시된 사실이 전혀 사실이 아니라면, 설명에 대해 고민할 필요조차 없기 때문이다. 기후변화의 사례가 그러한 경우다. 주장 자체가 이미 거짓이기 때문이다.

마술사의 경우, 제시된 데이터는 일단 명확해 보인다. 이제 다음과 같은 상황을 떠올려보자. 나는 예상치 못하게 무대에 불려 나가서, 처음 보는 마술사 앞에 서 있다. 마술사는 나에게 내 전화번호와 전혀 관련 없는 몇 가지 간단한 질문을 한다. 그러더니 드라마틱한 손동작을 하고 내 눈을 똑바로 보며, 망설임 없이 정확한 순서대로 내 전화번호를 말하기 시작한다. 나에게 번호가 맞는지 확인해달라고 요청한 뒤, 마술사는 관객을 향해 외친다.

"이것이 마법의 힘입니다!"

이 상황에서 나는 앞에 제시된 사실을 외면할 수는 없다. 마술사는 겉보기에는 불가능한 일을 해냈다. 그 사실은 분명하지만, 방금 일어난 일에 대해 사람들은 매우 다른 의견을 가질 수 있다. 이제 우리가 직면한 과제는 제시된 설명을 평가하는 것이다. 내가 방금 본 것이 정말로 마법일까? 이 시점에서 진실을 규명하려는 전략이 근본적으로 바뀐다. 책의 첫 부분에서 우리는 사실을 테스트하고, 확인하며, 의심했다. 사실을 다룰 때는 이러한 접근법이 적절하다. 그러나 설명을 다룰 때는 처음부터 이러한 방식을 적용하지 않는다. 대신, 더 많은 설명들을 생각해낸다.

다소 이상하게 느껴질 수 있지만, 이는 사실 가장 합리적인 다음 단계다. 즉, 진실을 검증하기 전에 먼저 브레인스토밍을 하는 것이다. 하지만 이러한 자유로운 사고 과정에도 일정한 가이드라인이 필요하다. 놀랍게도, 이 단계에서 설명의 개연성은 중요하지 않다. 페르미 추정과 마찬가지로, 처음에는 얼마나 진실에 가까운지 신경 쓰지 않는다. 여기에서 중요한 것은 '그 설명이 (이론적으로라도) 검증될 수 있는가?' 그리고 '(이론적으로라도) 반증될 수 있는가?' 하는 점이다. 또한, 해당 설명이 우리가 관찰한 모든 것을 설명할 수 있어야 한다.

그러나 현실에서 우리는 다른 방식으로 접근한다. 혼자 판단해야 하는 상황에서, 우리는 본능적으로 가장 마음에 드는 전략을 선택한다. 즉, 어떤 설명 하나를 선택한 뒤, 그것을 뒷받침할 데이터를 모으는 방식을 취한다. 이러한 전략이 우리에게 너무나 깊이 내재돼 있기 때문에, 셜록 홈스의 사고방식이 낯설거나 심지어 우스꽝스럽게 느껴지는 것이다. 누가 동시에 여러 개의 아이디어를 떠올리고, 그것들을 모두 추적하겠는가? 우리는 기본적으로 처음 떠오른 설명을 곧바로 받아들이는 경향이 있다. 하지만 이 접근법에는 치명적인 문제가 있다. 만약 처음 떠올린 설명이 틀렸다면 어떻게 할 것인가?

요즘에는 이런 질문을 풍자하는 학술회의까지 생겼다. 바로 'BAHFest'라 불리는 행사다. 여기에서 'BAH'는 '엉터리 임시 가설 Bad Adhoc Hypotheses'을 의미한다. 이 행사에서는 과학자들이 자신들이 생각해낸 가장 기상천외한 아이디어를 발표한 후, 이를 뒷받침하는 데이터를 제시하려고 애쓴다. 이들은 학술 용어, 형식 그리고 발표 방식에서 연구(혹은 TED 강연과 같은 연구 관련 형식)의 기대치를 충족시키려 노력한다. 이 행사에서 내 마음에 드는 강연 중 하나는 분자생물학자 사라 허드Sarah Hird 교수의 발표였다. 그녀는 포유류가 왜 잠을 자는지에 대한 설명을 제시했는데, 그 이유는 단순했다. '포유류는 스스로에게 질려서, 자기 자신으로부터 벗어날 시간이 필요하다.' 허드 교수는 동물들이 하루 동안 자는 시간과 자신에 대한 만족도 사이에 상관관계가 있다는 데이터를 제시하며 이를 뒷받침했다. 예를 들어, 기린과 코끼리는 아름다운 사바나 초원에서 행복이 충만한 삶을 살아가므로 거의 잠을 자지 않는다. 반면, 주로 쓰레기통을 뒤지는 동물로 여겨지는 미국의 주머니쥐는 가능한 길게 잠을 잠으로써 삶의 도피처로 삼는다. 이 발표는 해당 연도의 우승 강연으로 선정됐고, 허드 교수는 BAHFest 트로피를 받았다. 트로피는 연금술의 비밀을 밝히기 위해 자신의 소변을 증류했던 초창기 화학자 헤닝 브란트Hennig Brand의 모습을 형상화해 만들어졌다.

이 학술회의는 과학 괴짜들 사이에서 아주 큰 인기를 누리고 있다. 보통의 연구에서 명시되지 않은 규칙을 의도적으로 깨기 때문이다. 그러나 사실 모두가 알고 있다. 가장 먼저 떠오르는 설명을 그대로 받아들여 그것을 증명하려는 접근 방식은 분명 잘못됐다는 점을 말이다. 그러나 동시에 창의적이고 혁신적인 설명 모델을 찾아야 한다는 요구가 있다. BAHFest에서의 강연은 이러한 두 가지 요구를 충족시키기 위해 과학 공동체를 놀리며, 그 미세한 경계를 넘나들 뿐 아니라 이를 일부러 웃음거리로 만들기도 한다.

설명 만들기

다시 마술사와 전화번호로 돌아가보자. 앞에서 언급한 관점에서 어떤 설명들이 떠오를까? 우선 가능한 모든 관찰을 설명할 수 있어야 하며, 검증 가능해야 한다. 제시된 설명을 선택 A라고 부르고, 그런 다음 떠오르는 모든 가능성을 하나씩 살펴보자. 이 경우에 다음과 같은 방식의 접근이 가능하다.

- 마술사는 실제로 초능력을 가지고 있다(제시된 설명).

- 그는 내 전화번호와 일치하는 일련의 숫자를 조합해냈다.
- 그가 내 전화를 해킹했다.
- 그는 내가 마술 공연을 보러 가는 길에 만난, 지인의 남편에게 전화번호를 알려주는 것을 우연히 엿들었다.

이것 말고 또 다른 설명이 떠오르는가? 이 모든 설명이 사실이라면 그에 대한 증거를 찾아보는 것도 가능하다. 즉, '내 인생은 몽땅 연출된 텔레비전 쇼이며, 이 마술은 그 사실을 나에게 알려주기 위해 마술사가 보여준 것이다'와 같은 설명은 앞에서 설명한 것처럼 반박할 수 없으므로 유효하지 않고, 따라서 무시할 수 있다는 의미이기도 하다.

앞의 목록은 내가 가설이 아닌 설명에 대해 계속 이야기하는 이유를 설명하는 데 도움이 될 수도 있다. 기억할지 모르겠지만, 가설은 특정 요건을 충족해야 한다. 우선, 그것은 어떻게 테스트하고 반박할 수 있는지에 대한 정보를 직접적으로 제공해야 한다. 설명의 경우에 우리는 다른 요건, 즉 테스트 가능한 가설을 도출할 수 있는 생각을 제시하려고 한다. 이것은 가설에 대한 요구 사항이 더 엄격하므로 그저 쉽게 브레인스토밍 방식으로 접근하는 방식을 미리 차단한다는 장점을 지녔다.

가능한 설명을 최대한 많이 제시한 후, 그것들을 어떻게 테스트할 수 있을지 고려한다. 예를 들어, 마술사가 초능력을 가지고 있다는 설명(가능성 A)이 있다면, 다른 방법으로도 그것을 증명할 수 있을 것이다. 예컨대, 내 자녀들의 이름을 알아맞히거나, 심지어 다른 청중의 전화번호를 맞추는 것도 가능하다.

즉석에서 전화번호를 바로 조합해 만들어내는 선택 B는 통계를 사용해 작업할 수 있기 때문에 내가 개인적으로 가장 선호하는 방법이다. 청중 대부분은 주로 독일에서 가장 큰 통신사 중 한 곳에서 할당된 휴대폰 번호를 사용한다. 그들은 대개 19개의 다른 지역 코드[10]를 사용하고, 보통 여덟 자리 숫자의 전화번호를 사용한다. 만약 지역 코드와 개별 번호가 무작위로 할당된다고 가정하면, 번호의 가능성은 1억 개이고 19개의 지역 코드가 있기 때문에 19억 개의 전화번호 조합이 가능하다. 이 상황에서 모든 조합의 가능성은 거의 동일하다(12345678이나 11111111과 같은 특정 조합은 할당될 가능성이 거의 없으므로 '거의 동일'하다고 할 수 있다). 그러므로 처음부터 전화번호를 알아맞힐 확률은 19억 분의 1이다. 이것은 31개의 동전을 던져서 앞면이 계속 나올 확률과 거의 같다. 따라서 불가능하지는 않지만, 매우 희박하다.

이 가능성은 여기에서 설명된 경우에는 거의 없겠지만, 나는 다음과 같은 전략을 추천한다. 만약 가능성 A가 항상 외부에서 제시되는 설명이라면, 가능성 B는 간단하게 '우연의 일치'로 설명할 수 있다. 우리는 우연을 너무 쉽게 간과하는 경향이 있다. 이를 설명하기 위해 간단한 숫자 게임을 해보겠다. 현재 독일에는 약 8,400만 명이 살고 있다. 성별을 평균적으로 나누면, 이 사람들은 평균적으로 81세에 조금 못 미치는 수명을 누리게 된다. 이는 각자가 약 2만 9,000번의 밤을 경험한다는 뜻이다. 이제 독일 인구를 이들이 경험하는 평생의 밤 수로 나누고, 독일 국민 한 사람 한 사람이 평생에 어떤 꿈을 한 번만 꾼다고 하자. 이는 독일 전역에서 매일 밤 거의 3,000명이 같은 꿈을 꾼다는 것을 의미한다. 예를 들어, 매우 유명한 사람이 예기치 않게 사망하는 경우, 수천 명의 사람들이 다음과 같은 이야기를 털어놓게 될 것이다.

"이 사람이 죽는 꿈을 그전에는 한 번도 꾼 적이 없었는데, 그날 밤에 그 꿈을 꾸고 나서 정말로 그런 일이 일어났어요."

그야말로 순전히 우연이 아닌가!

그다음 선택 C, 즉 마술사가 내 휴대폰을 해킹하거나 다른 기술적인 방법으로 외부에서 내 전화번호를 알아냈다는 가능성은 최소한 이론적으로 검증이 가능하다. 비록 어떤 기술적인 방법이 가능한지 곧바로 알아내지는 못하겠지만, 만약 그렇다면 어떤 방법들이 있을지에 대해서는 적어도 검토해볼 만하다.

마술사나 그의 팀원이 내가 전화번호를 말한 것을 들었을 가능성에 대한 확률 D는, 내가 행사장으로 가는 길에 전화번호를 남이 듣도록 말했는지 아닌지에 따라 달라진다. 나는 조심성이 많은 성격이므로 그 가능성은 배제될 수도 있다. 반면에 마술사가 단순히 우연에만 의존하지 않았을 수도 있다. 일례로, 미국의 한 영적 치료사의 경우에 공연 전 팀원이 관객들과 개별적인 대화를 시도해 정보를 얻은 사실이 밝혀졌다. 미국에서는 독일보다 낯선 사람과 일상적인 대화나 개인적인 이야기를 나누는 경우가 훨씬 더 흔하다. 이것이 너무 눈에 띌 위험이 있다면, 다른 방법을 사용할 수도 있다. 때때로 관객들에게 소원 카드에 기원을 적어 익명으로 제출하도록 요청하는데, 이 방법을 사용하면 누가 어떤 카드를 제출했는지 주의 깊게 살펴보는 것만으로도 개인적인 정보를 수집해 무대에서 공개할 수 있다. 관련 분야에서는 이러한 전략을 '핫 리딩Hot reading'이라고 부른다.

이것으로 설명은 끝이 나지만, 마지막 요점은 사실 또 다른 새로운 설명 E로 이어진다. 왜냐하면 핫 리딩뿐만 아니라, 사람을 바라보거나 상호작용을 하면서 정보를 끌어내는 콜드 리딩Cold reading도 있기 때문이다. 경험이 풍부한 심령술사들―오늘날 초능력을 가진 사람들을 흔히 이렇게 부르기도 한다―은 실로 놀라운 일을 해낼 수 있는데, 그들이 행하는 일은 고도의 스포츠 기술과도 비견될 정도로 인상적이다. 그들은 우리가 생각지도 못했던 확률을 조합하거나(예를 들어, "사랑하는 사람이 심장 질환으로 죽었다"라는 말은 생각보다 많은 사람들에게 해당된다) 혹은 바넘 진술Barnum-Aussagen이라고 불리는, 실제로는 거의 모든 사람에게 해당되는 말을 함으로써 마치 자신만을 위한 진술처럼 느껴지게 만들기도 한다. 전화번호를 불러주는 것과 같은 작업에서는, 숫자가 맞거나 틀렸을 때 놀라거나 거부하는 무의식적인 작은 반응을 근거로 삼을 수도 있다.

나는 내 직업 덕분에 운 좋게도 이 분야를 대표하는 저명한 사람인 심령술사 티몬 크라우스Timon Krause와 이에 관한 견해를 나눌 수 있는 기회를 얻었다. 그가 TV쇼 〈MAITHINK X〉에 출연했을 때였다. 나는 그가 관객들에 대한 사전 정보가 전혀 없는 상황에서 퍼포먼스를 펼치는 걸 직접 관찰했고, 공연 후에 몇 가지 질문도 할 수 있었다. 티몬은 자신의 능력이 어디서 오는지 나에게 솔직하게 설명했고, 누구나 배울 수 있다고도 했다. 방송에서 그는 짧은 질문 몇 개와 상대의 반응을 면밀히 관찰하는 것만으로 그 사람의 직업이나 생일을 정확히 맞히곤 했다. 물론 항상 완벽하게 성공하는 건 아니라고 고백하긴 했지만.

지금까지 우리는 떠올릴 수 있는 모든 가능성(설명)을 대략 정리해보았다. 이제는 그것들을 비교하고 검토해볼 차례다. 먼저, 자체적으로 확률을 포함하는 설명이 있는지 생각해보자. 무작위로 추측하는 방법 정도가 있지만, 확률이 너무 낮아서 설명 방법으로 적절하지 않을 수 있다. 그렇다면 우리의 가설을 검증할 방법을 분명하게 제시하는 설명이 있을까? 마술사의 작업 방식이 그나마 가능성이 있다고 볼 수 있다. 적어도 그(그녀)에게 다른 조건에서 초자연적인 능력을 다시 한번 보여달라고 요청할 수 있기 때문이다(다만, 마술사가 그 요청에 응할지는 또 다른 문제다).

이쯤에서 인문학이나 자연과학 배경이 있는 사람들은 손에 땀이 나기 시작했을지도 모르겠다. 왜냐하면 내가 가설과 이론을 완전히 뒤섞어버렸고, 이걸 '설명'이나 '가능성' 같은 단어로 부르면서 아무렇게나 정리해버렸으니 말이다. 우리가 앞에서 배운 가설의 개념을 다시 떠올려보자. 가설이란 반드시 반증(즉, 틀렸음을 증명)할 수 있어야 하는, 검증 가능한 아이디어다. 반면, 이론은 가설과는 다르게 가설을 도출할 수 있는 설명이나 모델이라고 볼 수 있다. 예를 들어, 아인슈타인의 상대성 이론에서는 태양이 가려질 때 별들의 위치가 다르게 보일 거라는 가설을 도출할 수 있었다. 한편, 진화론을 기반으로 특정 환경에서 어떤 생물들이 어떻게 생겼을지 예측할 수도 있다. 앞의 사례로 돌아가보면, 기본 전제는 이것이다. '사람들의 마음을 실제로 읽을 수 있는 사람이 존재하며, 무대 위의 마술사가 그중 한 명이다.'

일단 우리는 이 이론이 근본적으로 반박 가능한지 여부에는 관심이 없다. 중요한 건, 우리가 여기에서 검증할 수 있는 가설을 도출할 수 있느냐는 것이다. 엄밀히 말해서, 이론 자체는 검증될 수 없고(이로부터 도출된 가설만 검증될 수 있을 뿐이다), 결코 최종적으로 확인될 수도 없다. 이에 대해서는 다음 장에서 이야기하겠다. 지금으로서는 우리가 검증하려는 대상이 가설이라는 것이 중요하다. 가설은 여러 가지 방식으로 생겨난다. 굳이 거대한 이론을 생각할 필요도 없이 그저 한 번의 관찰에서 나올 수도 있다. 예를 들면, '이케아 옷장 손잡이가 헐거워 보이네. 내가 잡기만 해도 분명 벌어질 거야'라는 생각도 가설이다. 반면, 일식 때의 밤하늘 모양에 관한 아인슈타인의 상대성 이론처럼 거대한 이론적 틀에서 나온 가설도 있다.

우리는 이런 식으로 여러 개의 가설을 만들어내고, 마음껏 실험할 수 있다. 과학 연구에서는 한 번에 여러 가설을 검증하는 경우도 많고, 여러 부분으로 나누기도 한다. 중요한 건, 이 모든 가설이 명확하게 반증 가능하도록 만들어져야 한다는 것이다. 또한, 가설이 틀렸을 경우 그것이 무엇을 의미하는지 미리 고려해야 한다는 것이다. 예를 들어, '마술사는 내 전화번호뿐만 아니라 신용카드 번호도 맞힐 수 있다'라는 가설을 세웠다고 치자. 만약 전화번호는 맞혔는데 신용카드 번호는 못 맞힌다면 마술사의 능력이 전화번호 맞히기에만 한정됨을 의미할 수도 있다. 이 경우, 마술사가 진짜 마법을 부렸거나 콜드 리딩 같은 기법을 사용했을 가능성과는 거리가 크게 멀어진다. 대신, 아까 설명한 핫 리딩 같은 방법으로 미리 전화번호를 알아냈을 가능성이 높아진다고 볼 수 있다.

이 기본적인 과학적 방법은 어떤 상황에도 적용된다. 어떤 것이 사실로 제시되고 설명이 제공된다면, 첫 번째 단계는 가능한 데이터를 명확히 파악하는 것이다. 그 다음으로 모든 다른 설명을 만들어낼 수 있는데, 여기에는 우연의 설명도 포함된다. 그리고 나서 이러한 설명 중 하나 이상에 대해 진술할 수 있는 반박 가능한 가설을 만든다. 그리고 이 가설들을 테스트한다.

이는 시간이 많이 걸리는 일이며, 종종 아무것도 얻지 못하는 경우도 많다. 현실 세계에서는 충분한 정보를 갖고 합리적으로 신뢰할 수 있는 이론을 세우는 것이 어려운 경우가 많다. 그리고 설령 명확한 해답을 제공할 수 있는 강력한 가설이 있다고 해도, 이를 테스트할 기회가 주어지지 않는 경우도 많다. 마술사의 경우도 마찬가지다. 조건을 조금 다르게 바꿔서 자신의 마술을 다시 보여주려는 마술사는 거의 없을 것이다. 앞에서 언급한, 나에게 무례한 이웃의 경우도 마찬가지다. 내가 제시할 수 있는 좋은 가설은 그가 이 건물의 다른 사람들에게도 대개 불친절하다는 것이지만 이를 곧장 알아내기는 어렵다. 어쩌면 정원 파티를 열어서 그를 제외한 다른 모든 이웃들을 초대한 다음, 그에 대해 은근슬쩍 물어보는 일은 가능할 것이다. 하지만 그 이웃을 제외하고 파티에 모든 사람을 초대한다면, 그 사람이 이후 내게 더 무례해질지도 모르므로 우리의 측정이 왜곡될 가능성이 있다. 이 특별한 문제는 사회과학과 양자물리학 분야의 연구자 모두에게 영향을 미치는, 과학의 몇 안 되는 문제 중 하나다.

그러므로 우리는 다시 한번 데이터에서 무엇을 얻고 싶은지 그리고 의견을 형성하기 전에 어떤 사실을 받아들일지 결정해야 하는 순간에 서 있다. 셜록 홈스처럼, 하나씩 가설을 검증하면서 폐기할 설명 모델들을 차례로 반박해나가야 한다. 그렇게 해서 마지막에 단 하나의 설명만 남게 되면, 그것이 바로 정답이다. 셜록 홈스가 말했듯이, 아무리 믿기 어려운 결론이라도 말이다.

하지만 여기에서 우리는 흔히 아주 특정한 실수를 저지르곤 한다. 이 실수는 너무나 중요한 문제라서 따로 다루고자 한다.

우리는 어떤 가정에 지나치게 집착한다

이 특별한 문제를 한 심리학자가 여러 방식으로 멋지게 입증한 적이 있다. 심리학자 피터 웨이슨Peter Wason은 실험 참가자들에게 독특한 과제를 주었다. 실험 속에 숨겨진 규칙을 찾아내도록 하는 것이었다. 심리학 분야에서 꽤 유명한 실험이 된 이 방식은 다음과 같다. 웨이슨은 실험 참가자들에게 숫자 몇 개를 보여주었다. 예를 들면, 2, 4, 6 같은 식으로 말이다. 그러고는 "이 숫자들은 어떤 규칙을 따르고 있다"라고 말해주었다. 참가자들의 임무는 자신만의 일련의 숫자를 만들어내는 것이었고, 웨이슨은 그 일련의 숫자가 해당 규칙을 따르는지 아닌지를 알려주었다. 이 과정을 반복하면서 참가자들은 숨겨진 패턴을 스스로 찾아야 했다. 예를 들어, 규칙이 '다음 숫자는 항상 2씩 증가한다'라고 치자. 이때 참가자가 10, 12, 14 같은 숫자를 말하면, 웨이슨이 '맞다'라고 평가하고, 4, 8, 16 같은 숫자를 말하면 '틀렸다'라고 판정하는 식이었다. 여기에서 중요한 두 가지 질문이 생긴다.

첫째, 내 가설을 시험해보기에 적절한 일련의 숫자는 무엇일까? 둘째, 언제 내 가설이 충분히 확립됐다고 할 수 있을까? 다시 말해, 언제쯤 나의 의견을 확신할 수 있고, 그것을 사실이라고 세상에 외칠 수 있을까?

이 실험에서 중요한 반전은 실제 규칙이 단지 '숫자가 계속 커진다'는 것뿐이었다는 점이다. 대부분의 참가자들은 더 복잡한 규칙을 예상했기 때문에 이 규칙이 매우 단순하게 보일 수 있다. 하지만 결과적으로 나온 일련의 숫자들도 모두 정답으로 간주됐다. 그 결과, 29명의 실험 참가자들 중 여섯 명만이 첫 번째 답변으로 올바른 규칙을 알아냈다.

웨이슨은 그 이유로 대부분의 참가자들이 자신의 가설을 반증하려는 노력을 충분히 기울이지 않았기 때문이라고 생각했다. 오히려 그들은 자신이 세운 가설을 뒷받침하는 숫자 조합을 계속해서 선택했고, 어느 순간 그것이 충분히 확인됐다고 판단하고 공표했다. 하지만 사실 실험 참가자들의 착각과는 달리 이들은 자신의 가설을 제대로 검증한 적이 없었다! 검증을 위해서는 오히려 가설에 도전해보는 방식이 더 나았을 것이다. 예를 들면, 3, 2, 1이나 10, 10, 10, 또는 2, 9, -5 같은 숫자 조합을 만들어보는 것은 어땠을까? 이런 조합들은 '틀렸다'라는 평가를 받았을 테고, 참가자들은 진짜 규칙을 더 쉽게 눈치챌 수 있었을 것이다.

우리는 가정에 지나치게 집착한다. 이 문제의 작동 방식은 웨이슨이 이 숫자 실험에서 얻은 결과를 바탕으로 새롭게 고안한 또 다른 실험을 보면 더 명확해진다. 먼저, 사람들이 비교적 쉽게 이해할 수 있었던 간단한 버전부터 이야기해보자.

상황을 하나 가정해보자. 당신은 바에서 일을 하는데, 술 마시는 사람들이 모두 18세 이상인지 확인하는 역할을 맡고 있다. 당신 앞에는 몇 장의 카드가 놓여 있다. 카드 한 면에는 사람의 나이가, 반대 면에는 그 사람이 마시고 있는 음료 사진이 담겼다. 당신의 임무는 매니저로서 어떤 카드를 뒤집어야 할지 결정하는 것이다. 현재 네 장의 카드가 있는데, 하나는 콜라병 사진이 있는 카드이고 다른 하나는 한 잔의 슈냅스(독한 술) 사진이 있는 카드다. 앞서 언급했듯이, 이 카드를 뒤집으면 해당 인물의 나이를 알아낼 수 있다. 다른 두 장의 카드에는 각각 '14세'와 '22세'라고 적혀 있다. 당신이라면 어떤 카드를 뒤집겠는가? 대부분의 사람들은 정답을 선택한다. '14세'라고 적힌 카드를 뒤집어서 이 사람이 불법적으로 술을 마시는지 확인하고, 슈냅스 카드를 뒤집어서 이 사람이 합법적인 음주 연령인지를 확인하는 것이다.

흥미로운 점은, 이 테스트가 원래는 더 단순한 형태였다는 사실이다. 원래 버전에서는 카드에 사진이나 나이 정보가 없었고, 그 대신 한쪽에는 숫자가, 반대쪽에는 글자가 적혀 있었다. 테스트할 규칙은 '글자 쪽이 A이면, 숫자 쪽은 3이다'였고, 보이는 카드들은 예를 들어 '3, 7, A, D' 등이 적혀 있었다. 이 버전은 앞에서 설명한 알코올 버전과 매우 비슷하지만, 사람들은 이전 버전에서 더 어려움을 호소했다. 대부분의 사람들은 A가 있는 카드나 3이 있는 카드만 뒤집었고, 보통 7은 제외했다. 이는 마치 바에서 술 사진이 있는 카드를 뒤집지 않는 실수를 저지르는 것과 같다. 왜냐하면 그 카드만이 규칙이 위반됐는지 여부를 보여줄 수 있기 때문이다. 다시 말해, 사람들은 원래의 아이디어에 너무 집착함으로써 그것을 반박할 가능성에 대해서는 충분히 생각하지 않는다. 사람들이 원래 버전보다 뒤에 나온 버전을 더 잘 이해하는 이유는, 원래 버전이 더 추상적이어서 쉽게 감정이입을 하기 어려웠을 가능성이 크다. 물론 두 버전 간의 다른 차이에 대해서도 여전히 논의가 이루어지고 있긴 하다. 중요한 것은 어느 쪽이든, 때로는 자신의 가정에 의문을 제기하고 테스트해야 한다는 점이다.

이 책의 첫 번째 장의 마지막 부분에서 우리는 유효한 사실에 도달하려면 방법론을 더 비판적으로 면밀히 검토해야 한다는 것을 깨달았다. 그리고 두 번째 장의 끝에서 우리는 아이디어, 이론, 개념에 대해서도 비슷한 깨달음을 얻었다. 아무리 훌륭하고 신뢰할 수 있는 이론조차 본질적으로 '확정된' 것이 아니며, 올바른(혹은 잘못된) 결과로 반박될 수 있기 때문이다. 이와 관련해 잘 알려진 예시가 있으니, 바로 중력 이론이다. 우리가 관찰해왔거나 현재 관찰하고 있는 모든 것은 중력의 법칙에 따른다. 사과를 떨어뜨리거나 집에서 던지면 그것이 어떻게 날고 어디에 떨어질지를 정확히 계산할 수 있다. 열 가지의 각기 다른 스포츠를 생각해보라. 그중 대부분은 중력의 법칙이 조금이라도 변하거나 신뢰할 수 없게 된다면, 더는 작동하지 않는다. 사과를 던지거나, 축구공을 차거나, 비틀거리며 넘어지는 모든 과정은 결국 중력 이론을 확인하는 추가적인 증거다. 지금까지 중력의 법칙에 반하는 어떠한 일도 일어나지 않았기 때문에 우리는 중력 이론을 확립된 것으로 간주한다. 그러나 우리가 던진 사과가 갑자기 하늘로 올라가 지구를 도는 사과 위성으로 변하지 않으리라고 누가 장담할 수 있겠는가? 그렇게 되면 우리는 중력 이론과 양립할 수 없는 관찰 결과를 얻게 됨에 따라 중력 이론을 재고해야 한다.

사과가 위로 떨어진다니 무슨 멍청한 소리인가 싶을 수 있다. 하지만 사실 실험물리학에서는 불과 몇 년 전에, 매우 유사한 사례가 있었다. 한 연구 팀에서 1만 6,000개가 넘는 사과가 하늘 위로 솟아오르는 모습을 지켜본 적이 있는데, 이는 짧은 시간 동안 세간의 흥분을 불러일으켰다. 다만, 이것은 진짜 사과가 아니라 앞서 언급했던 우리의 작은 친구들, 바로 중성미자들에 관한 이야기다.

모든 것은 이탈리아의 한 연구 그룹이 유럽입자물리연구소 CERN에서 방출되는 중성미자를 측정하면서 시작됐다. 한 실험실에서 입자 흐름을 발사하고, 다른 실험실은 이를 포착했다. 제네바 근처의 CERN 입자가속기와 이탈리아의 그란 사소$^{\text{Gran Sasso}}$ 산맥 아래에 위치한 실험실 사이의 거리는 약 731킬로미터였다. 여러분이 기억하듯, 중성자는 일반적으로 거리나 산맥과 전혀 상관없으므로, 이러한 측정은 입자의 정확한 속도를 계산하는 데 매우 유용한 방식이다. 2011년에 이 실험실은 전례 없는 정확도로 측정을 수행했다. 무엇보다도 이들은 지구의 자전 속도를 센티미터 단위의 정확도로 추적했고, 중성미자의 이동 시간을 10나노초 미만의 불확실성으로 측정했다. 이는 1억 분의 1초보다 훨씬 더 정확한 수치다. 놀랍지 않은가? 이 전례 없는 정확도는 또한 당혹스러운 결과를 드러냈다. 중성미자는 같은 거리를 빛이 이동하는 데 걸리는 시간보다 약 60나노초 더 빨리 도착했다. 연구소 대변인은 이렇게 말했다.

"우리는 그야말로 충격을 받았습니다."

왜 그랬을까? 왜냐하면 우주의 속도 제한이 진공 속에서 빛의 속도로 설정돼 있다는 것은 우리의 물리적 세계관에서 거의 돌이킬 수 없는 부분이기 때문이다. 여러 번 입증된 아인슈타인의 상대성이론은 질량이 없는 입자만이 그 속도에 도달할 수 있으며, 그보다 빠를 수는 없다고 말한다. 속도 제한을 초과한 직접적인 결과는 시간 여행이 가능해진다는 것이었다. 그 당시 이 주제에 대해 나는 종종 다음과 같이 농담하곤 했다. "중성미자! 너 누구야?" 다시 말해, 물리학의 많은 부분에 대해 심각하게 의문을 제기해야 할 상황이었다. 그래서 영국 물리학자 짐 알-칼릴리Jim Al-Khalili와 같은 이는 이 발견이 확인된다면 TV 방송에 출연해 속옷을 먹겠다고까지 공언했다.

이탈리아 연구자들은 물론 자신들이 도출해낸 결과가 가진 중요성을 잘 알고 있었기에 이를 공개하기 전 여러 번(이 표현조차 모자랄 정도로) 확인을 거듭했다. 이들은 3년 동안 1만 6,000개 이상의 데이터를 수집하고 분석했다. 그런데도 사과는 여전히 하늘을 향해 솟아올랐다.[11] 이 시점에서 그들은 연구 결과를 대중과 공유하고 과학계에 반박을 요청했다.

첫 번째 의심을 해소하기 위해 실험을 새로 진행할 필요는 없었다. 기존 데이터를 참조할 수 있었기 때문이다. 1987년에 전 세계의 여러 중성미자 탐지기가 갑자기 꺼진 적이 있었다. 그들은 그것이 초신성에서 나오는 중성미자를 포착하려는 시도라고 추정했다. 그래서 하늘을 올려다보았고 몇 시간 후 초신성을 확인했다. 10만 년 이상 여행해온 중성미자와 빛이 거의 동시에 도착한 것이었다. 하지만 CERN 실험이 제시한 것처럼 만약 우주에서 이들 중 하나가 더 빠르게 이동했다면, 초신성의 경우 그 속도 차이는 훨씬 더 두드러졌어야 했다.

그럼에도 불구하고 다른 실험실에서 이 주장을 테스트하기 시작했다. 첫 번째 비교 실험에서 상대성 이론과 일치하는 결과가 도출됐다. 즉, 빛과 중성미자의 이동 시간 사이에는 측정 가능한 차이가 없었다. 한 연구자는 이렇게 말했다.

"만약 60나노초의 차이를 발견했다면, 그는 이탈리아 연구진에 샴페인 한 병을 보냈을 겁니다. 하지만 이제 나는 아인슈타인에게 축배를 들어야겠네요."

그리고 그는 덧붙였다.

"정말 안심입니다. 왜냐하면 저는 보수적인 사람이거든요."[12]

그렇다면 무엇이 문제였을까? 케이블이 제대로 꽂혀 있지 않았다는 이야기도 있었다. 이는 사실과 다르지만 완전히 틀린 이야기도 아니다. 이 측정에는 GPS 위성 데이터도 사용됐으며, 문제의 핵심은 이러한 신호 중 하나가 연결 불량으로 인해 몇 나노초 동안 지연됐다는 것이다. 이는 속도 초과 현상을 측정 오류로 설명하기에 충분한 시간이었다.

실험실 팀이 당혹스러운 실수를 저질렀다고 봐야 할지에 대해서는 논란의 여지가 있다. 개인적으로 그들이 무엇을 잘못했는지도 모르겠다. 이들은 전례 없는 정밀도로 측정을 수행했고, 수수께끼 같은 결과를 발견한 후 연구 공동체에 도움을 요청했다. 하지만 발표 전에 더 철저한 점검을 했어야 한다는 비판도 있었다. 3년이 넘도록 측정한 후에도 빛보다 빠른 중성미자의 발견을 여전히 고수하는 편이 더 나았을까? 어쨌든, 세상은 시간 여행이 가능한지 여부를 알고 싶어 한다.

결과적으로 이탈리아 실험실의 책임 연구원 두 명이 초광속 중성미자 결과가 공개된 지 몇 달 만에 사임했다. 이 반응을 어떻게 바라보든 간에, 그 연구팀은 당시 세계에 매우 중요한 교훈을 상기시켰다. 아무리 많은 사실로 뒷받침된 과학 이론이라 할지라도, 예상치 못한 결과에 따라 뒤집히지 않을 만큼 확고하지는 않다는 점이다.

제3부
해석하기

"마음은 스스로의 터전이니,
그 안에 스스로 지옥을 만들 수도,
천국을 만들 수도 있다."

― 존 밀턴, 《실락원 Paradise Lost》

우리는 우리가 측정한다고 생각하는 것을 측정하지 않는다

기회가 있을 때마다 나는 다른 연구자들의 강의를 들으려 한다. 이들의 열렬한 팬은 아니더라도 말이다. 이 말을 하는 이유는, 2011년에 독일 하이델베르크에서 필립 짐바르도Philip Zimbardo 교수의 강의를 들었기 때문이다. 짐바르도 교수는 독일어권 국가들에서 유명한데 여기에는 두 가지 이유가 있다. 첫째, 그의 심리학 교과서는 오랫동안 대학 강의에서 표준 교재로 사용됐다. 둘째, 그는 '스탠퍼드 감옥 실험'으로 유명한데, 이 실험에서 참가자들을 감시자와 죄수로 나누어 의존적 관계에서 이루어지는 권력 남용을 관찰하려 했다. 그러나 이 실험은 말 그대로 방법론적으로나 윤리적으로 엄청난 문제들을 가지고 있었다.

이 이야기는 대개 다음과 같이 전해진다. 1971년, 짐바르도와 그의 동료들은 구금소에서 벌어지는 학대에 관한 뉴스 보도에 영감을 받아 인위적인 감옥을 만들고, 여러 명의 실험 참가 지원자 중에서 '정상적인' 24명을 선택해 그들을 교도관이나 죄수 역할로 무작위 배정했다. 그들의 임무는 2주 동안 일상적인 감옥 생활을 유지하는 것이었다. 그러나 실험이 시작된 직후, 교도관들은 폭행과 가학적인 행동을 보였다. 둘째 날에는 죄수들이 반란을 일으켰으며, 여섯 번째 날에는 보안상의 이유로 실험을 중단해야 했다. 이 실험에서 얻은 교훈은 평범한 사람들도 권력을 행사할 기회를 얻으면 매우 빠르게 인간성을 잃어버린다는 것이었다. 이 끔찍한 상황을 영화화된 버전으로 보고 싶다면, 2001년에 모리츠 블라이브트로가 출연한 〈엑스페리먼트〉를 추천한다. 이 영화는 이 실험에서 영감을 얻어 시나리오를 대폭 확장한 것이다.

스탠퍼드 감옥 실험은 사람들이 특정한 상황에 처하게 될 경우 다른 상황에서는 내리지 않을 결정을 내리거나 외부에서 볼 때 상상도 할 수 없는 결정을 내릴 수 있음을 극적으로 보여주었다. 이라크 전쟁 중, 짐바르도는 미국 군인들이 아부 그라이브Abu Ghraib 감옥에서 자행한 학대 사건에 대해 전문가로 참여했다. 학대가 발생할 수 있는 환경적 요인이 있다는 것은 의심의 여지가 없다. 특히 힘없는 사람들이 비인간화될 때(예를 들어, 실험에서 요구한 대로 그들이 이름이 아닌 숫자로만 불릴 때) 더욱 그러하다. 이런 상황에서는 몇몇 개인에게 책임을 돌리는 데 그치지 않고, 시스템적인 요인에 주목하는 것이 중요하다. 짐바르도의 실험은 이를 뒷받침하는 좋은 논거다.

그렇다면 스탠퍼드 감옥 실험에 대해 나는 어떤 문제를 제기하고 있는가? 일단 나는 윤리적인 측면에 대해서는 더 이상 이야기할 필요가 없다고 생각한다. 죄수와 교도관 모두에게 그 상황은 실험이 약속한 보상으로는 정당화하기 어려운 정도의 정서적 스트레스를 불러일으켰다. 교도관을 맡았던 한 참가자는 실험 이후 50년 넘게 증오 편지를 받았다고 보고했다. 또한, 방법론과 결과에 심각한 문제도 있었다. 유사한 실험에서는 그처럼 충격적인 결과를 확인할 수 없었다. 참가자들이 정말로 무작위로 선정되고 배정됐는지, 감시자들의 행동이 정말로 그렇게 일관되게 가학적이었는지에 대해서도 의문이 제기됐다.

내가 생각하는 가장 심각한 방법론적 비판은 일부 진술들이 참가자들이 실험의 목적을 파악하고 그에 맞게 행동했다는 강한 인상을 준다는 점이다. 짐바르도가 교도관들의 특정 행동을 장려하기 위해 명백히 개입했다는 사실은 도움이 되지 않는다. 만약 그렇다면, 그것은 실험이 아니라 즉흥 연극 그룹의 특별한 공연에 지나지 않았을 것이다. 어느 쪽이든, 이 실험은 이제 실제 연구라기보다 시연 또는 시뮬레이션으로 분류된다. 오늘날 이 연구의 가장 큰 문제는 이 연구를 언급한 텍스트 중 절반 정도만이 이 연구에 대한 비판도 언급한다는 사실이다.

다시 2011년, 내가 짐바르도의 강의를 들었을 때로 돌아가보겠다. 그날 강의는 스탠퍼드나 아부 그라이브 감옥에서 자행된 학대에 관한 내용은 전혀 아니었고, 그가 당시 출간했던 시간 지각에 관한 책에 대한 것이었다. 사실 나는 그 책을 읽지 않았지만 그게 문제가 되지는 않았다. 왜냐하면 그날 저녁 강의의 핵심 내용은 그 책에 관한 것이 아니었기 때문이다. 많은 유명 인사들처럼, 짐바르도는 자신의 책을 홍보하는 자리를 통해 더 관심 있는 다른 주제에 대해 언급했다. 이번에는 '마시멜로 실험'에 관한 이야기였다. 마시멜로 실험은 1960년대 후반과 1970년대 초반에 스탠퍼드대학교에서 처음 시행된 실험으로, 이 실험 역시 그 결과가 대중의 관심을 끌었다.

하지만 정작 이 연구는 마시멜로와 관련이 없었다. 사실 처음에는 그런 이름으로 부르지도 않았다. 이 연구는 유치원생들의 의지력에 대해 알아볼 목적으로 이루어졌다. 연구진은 아이들에게 그들이 원하는 사탕이나 마시멜로를 하나 주고, 그것을 바로 먹을지, 아니면 실험자가 돌아올 때까지 몇 분간 혼자 기다렸다가 두 번째 사탕 혹은 마시멜로를 받아서 먹을지를 선택하게 했다. 기다림에 성공한 아이들은 두 번째 간식을 받을 수 있었다. 그야말로 '손 안의 새 한 마리가 숲속의 새 두 마리보다 낫다'라는 속담의 유효성을 실험으로 옮긴 것과도 같았다. 연구자들은 아이들이 실험자가 되돌아오기를 기다리는 동안 아이들을 관찰했다. 그 결과, 사탕이나 마시멜로를 먹지 않으려면 눈을 돌리거나 주의를 다른 방식으로 분산시키는 것이 효과적인 전략임이 나타났다. 짐바르도는 이 관찰 비디오의 일부를 보여주었는데, 마음속 악마의 목소리를 몰아내려고 애쓰며 간식을 먹고 싶은 욕구를 참는 아이들의 모습은 예상대로 무척 귀여웠다.

하지만 마시멜로 실험이 유명해진 것은 이러한 통찰력 때문이 아니었다. 연구진은 오랜 시간에 걸쳐, 실험에 참가했던 아이들의 삶에 대해 정기적으로 질문을 던지는 연구를 수행했다. 그 결과, 참을성이 있었던 아이들이 나중에 더 많은 것을 성취했음이 나타났다. 그들은 대학입학 시험에서 더 좋은 성적을 얻었고, 훗날 더 높은 학위를 취득했으며, 대체로 삶에 더 만족했다. 확실한 것은 이 아이들이 어린 시절부터 보였던 행동, 다시 말해 지연된 보상을 견딜 수 있는 능력이 인생의 모든 종류의 결정, 예를 들어 파티 대신 공부를 할지, 유망하지만 힘든 비즈니스 관계를 포기하지 않고 거기에 자신의 에너지를 투자할지 등을 결정하는 데 중요한 역할을 했다는 점이다.

언뜻 보면 이 이야기는 매우 그럴듯하게 들린다. 또한, 스탠퍼드 감옥 실험에서 나온 결과와는 다소 반대되는 것으로 보인다. 다시 말해, '평범한' 사람들이 특정 상황에 따라 부정적인 행동을 하도록 몰리는 것이 아니라, 특정한 성향을 가지고 태어나거나 아주 어릴 때부터 그것을 배운다면, 그로 인해 평생에 걸쳐 상황과 관계없이 영향을 받는다는 것이다. 그러나 감옥 실험과 마찬가지로 모든 것이 보이는 그대로인 것은 아니다.

유령의 DNA와 관련해 앞에서 언급했던 '재현' 개념을 기억하는가? 재현 연구에서는 동일한 방법을 새로운 표본에 적용해 결과가 그대로 유지되는지 확인한다. 스탠퍼드 감옥 실험과 빛보다 빠른 중성미자 실험의 재현은 각각 의구심을 불러일으켰다. 반면에 마시멜로 실험에서는 특히 훌륭한 재현 연구가 이루어졌다. 마시멜로 실험 재현 연구자들은 원래 실험에 비해 더 다양한 표본을 사용하고, 더 많은 교란 변수를 고려하는 데 노력을 기울였다. 교란 변수란 연구 결과를 변경할 수 있는 방해 요소를 말한다.

새로운 연구 그룹은 같은 실험을 더 다양한 표본을 대상으로 진행했다. 그 결과, 두 번째 마시멜로를 받는 데 성공한 아이들은 통계적으로 원래 실험 결과의 절반 정도밖에 되지 않았다. 이는 좋은 신호는 아니다. 하지만 그렇다고 해서 재앙이라고도 할 수 없었다. 원래 연구에서는 표본이 주로 스탠퍼드대학교에서 일하는 부모를 둔 아이들로 구성됐다. 이 사실만으로도 결과의 변동성을 설명할 수 있었지만, 기본적으로는 원래 연구의 결과도 여전히 효력이 있었다. 사람들이 해당 연구를 제대로 살펴보기 시작하기 전까지는, 즉 영향을 미칠 수 있는 요소들을 고려하기 전까지는 그랬다. 이 경우, 중요한 변수는 바로 부모였다. 부모가 고학력자이거나 소득이 높으면, 아이가 실험자가 돌아올 때까지 마시멜로를 기다릴 가능성이 훨씬 더 높았다. 이 상황을 통계 분석에 포함시키자, 애초에 보고된 결과의 중요성이 퇴색됐다.

이 연구는 또한, 아이의 이후 인생에 영향을 미치는 것은 주로 처음 20초간의 절제라는 점도 보여주었다. 즉각적으로 행동하는 아이들은 대개 이후의 삶에서 더 어려움을 겪었지만, 2분을 참은 아이와 5분을 참은 아이 사이에서는 차이가 나타나지 않았다. 이는 아이들이 상황을 최대한 오래 견디는 능력이 특히 인지 능력과 연관돼 있다는 주장을 반박하는 결과다. 데이터는 충동 조절이 아이들의 이후의 삶을 성공의 길로 이끌 가능성이 더 높다는 점을 시사했다. 그러나 다른 요인을 끌고 오자 이 주장은 더 이상 성립되지 않았다.

그렇다면 무엇이 실제로 훗날 아이의 성공을 결정하는 요소일까? 재현 연구의 보고서에서는 다소 유보적인 태도를 취하며, 보상 지연이 이 문제에서 주요한 역할을 하는 유일한 요소가 아니라는 점을 언급했다. 특히 이러한 능력을 증가시키기 위한 프로그램이 정말로 유용한지 의문을 제기해야 한다고 이야기했다. 해석의 방향을 바꾸되, 좋은 의미에서 뒤로 한발 물러선 것이다. 그러나 다른 논평가들이 대신 이를 해석하려 나섰다. 부유한 부모의 자녀들은 충분한 자원이 있는 환경에서 자라기 때문에 두 번째 마시멜로를 기다리는 데 어려움을 덜 겪는다. 그리고 이들은 바로 부모가 부유하다는 이유로 더 많은 성공을 거두게 된다. 반대로, 연구에 참여한 일부 아이들은 빈곤하거나 겨우 빈곤 상태를 벗어난 가정에 속했다. 그 아이들은 두 번째 마시멜로를 받을 수 있을지에 대한 확신이 없는 경우가 많았다. 오늘 과자가 가득 들어 있는 서랍이 내일이면 비어버린 경험을 이미 여러 번 겪었기 때문이다. 따라서 이들은 실험자의 약속을 믿지 않기로 쉽게 결정했을 가능성이 있다. 다시 말해 이들이 이후 인생에서 만족을 덜 느끼는 것은 마시멜로나 자제력과는 전혀 관련이 없다. 단지 그들에게 주어지는 기회가 다른 아이들에 비해 적었기 때문이다.

물론 실험에서 이 부분이 상세히 입증된 것은 아니다. 하지만 개인적으로 나는 이 해석이 훨씬 더 그럴듯하게 느껴진다. 왜냐하면 이 해석은 아이들이 합리적으로 행동할 뿐이라는 것을 전제로 하기 때문이다. 때로는 손 안에 든 새 한 마리를 쥐고 있는 것이, 지붕 위의 비둘기를 쫓는 것보다 더 현명할 때가 있다. 흰 가운을 입은 실험자가 뭐라고 하든 상관없이 말이다.

이 해석이 우리를 불편하게 만드는 이유는, 그 결과가 다른 버전보다 더 불공평하게 느껴지기 때문이다. 그저 어떤 사람이 부유한 가정에서 태어났기 때문에 쉽게 살아간다면, 그것은 불공평하다. 누군가 특정한 능력을 타고나서 성공했다면, 우리는 이를 훨씬 더 쉽게 받아들인다. 하지만 곰곰이 생각해보면 결국 두 결과 모두 개인이 어찌할 수 없는 부분이라는 점은 별반 다르지 않다. 왜냐하면 어느 경우든 사람은 자신이 태어난 환경을 바꿀 수 없고, 부모의 부유함 덕분이라는 해석은 적어도 잠재적인 해결책을 제시하기 때문이다. 다시 말해, 우리가 소득 불평등과 그에 따른 기회의 문제를 해결하면, 마시멜로 문제도 함께 해결될 수 있다.

마시멜로 실험의 역사에서 우리가 얻을 수 있는 교훈은 바로 이것이다. 우리는 우리가 측정한다고 생각하는 것을 측정하지 않는다. 어쨌든 결과는 예측한 대로 나왔고, 통계는 확실했으며, 관찰할 수 있는 모든 것에 들어맞는 이론이 있었다. 그러나 아이들의 의지를 시험했다고 생각했지만, 결국엔 부모의 수입으로 인한 차이를 실험한 셈이나 다름없게 됐다. 여기에서 부모의 은행 잔고는 혼란을 야기하는 요인, 즉 예상치 못하거나 인식하지 못한 방식으로 결과를 왜곡하는 변수였다.

이 지점에서 마시멜로 실험이 또 다른 종류의 시험과 유사하다는 점을 나는 지적하지 않을 수 없다. 길게 이야기하지는 않겠다. 많은 사람이 이 이야기를 달갑지 않게 여길 것이고, 어쩌면 모욕으로 받아들일지도 모르기 때문이다. 내가 하고 싶은 말은 이것이다. 아이큐 테스트가 마시멜로 실험과 다르다고 자신 있게 말할 수 있는 사람은 누구인가?

이 이야기는 조심스러울 수밖에 없다. 아이큐 테스트는 심리학에서 매우 오랜 역사와 독특한 배경을 가지고 있으며, 따라서 많은 연구자가 이를 매우 중요하게 여기기 때문이다. 현실에서도 많은 사람이 자신의 지능 지수를 자랑스러워하며, 그 기본 개념이 비판받을 때 쉽게 공격받는다고 느낀다. 하지만 사실을 직시하자. 부모의 소득이 아이큐에 강한 영향을 미친다는 것은 익히 알려져 있다. 이는 아이큐가 교육과 관련이 있으며, 부유한 가정이 더 많은 학습 기회를 제공하리라고 예상된다는 점에서 당연한 일이다. 또한, 저소득층 가정에서 자란 아이가 고소득층 가정으로 입양될 경우에 아이큐가 12~18점가량 향상된다는 보고도 있다. 이는 일반적으로 생각되는 아이큐 개념과는 상당히 어긋난다. 보통 아이큐는 타고난 지표, 즉 외부 영향에서 자유로운 비교적 안정적인 지표로 간주되기 때문이다.

물론 아이큐가 오직 부모의 소득만을 반영한다고 말하려는 것은 아니다. 왜냐하면 아이큐 개념, 더 나아가 지능이라는 개념은 마시멜로 실험보다 더 복합적이며, 이론적으로 더 다양한 해석의 가능성을 제공한다는 점을 인정해야 하기 때문이다. 하지만 아이큐가 개인이나 집단에 대해 의미 있는 무엇인가를 말해준다고 주장하는 사람들의 말을 그대로 받아들이지 말자. 아이큐에 대한 데이터를 고려할 때 그리고 이를 둘러싼 사회적 논쟁을 감안할 때, 신경생물학자 스티븐 로즈Steven Rose가 "아이큐는 과학을 가장한 이데올로기에 불과하다"라고 말한 것은 일리가 있다. 그렇다면 아이큐란 결국 사실로 포장된 의견일 뿐일까? 참고로, 나는 한 번도 내 아이큐를 측정해본 적이 없다. 설령, 측정하더라도 여기에서 언급한 이유들로 그 결과를 크게 신뢰하지 않을 것이다.

우리가 측정한다고 생각하는 것과 실제로 측정하는 것이 정확히 일치하지 않는 또 다른 예로, 정신 질환으로 인한 병가 증가를 들 수 있다. 정신 질환 관련 병가가 전년 대비 증가할 때마다 이는 당연히 우려와 심지어 공포를 불러일으킨다. 구체적인 상황에 따라서는 사람들이 그런 반응을 보이는 것을 응당 이해할 만하다. 하지만 마시멜로 실험과 마찬가지로 데이터를 올바르게 해석하기 위해서는 염두에 두어야 할 점이 있다. 한 연구에서는 수십 년에 걸쳐 다양한 정신 질환과 관련된 오명에 대해 조사했다.

예컨대, 우울증을 앓는 사람을 이웃, 동료 또는 친구로 두는 것을 어떻게 생각하는지, 정신분열증이나 알코올 중독을 문제라고 여기는지, 그 사람이 위험하다고 생각하는지 등등을 조사했다. 데이터를 보면, 우울증에 대한 낙인의 경우 최소한 20년 동안 추적해본 결과, 분명 감소함을 알 수 있다. 그렇다면 정신 질환과 앞서 언급한 결근 문제는 어떤 관계가 있을까? 아주 간단하다. 만약 내가 겪고 있는 정신 질환으로 인해 사회로부터 낙인찍힐 수 있다고 느낀다면, 결근의 이유로 그것을 언급하기를 꺼릴 것이다. 차라리 허리를 다쳤다고 말하는 편이 더 자연스럽고 그 정도의 사소한 거짓말은 누구에게도 해를 끼치지 않는다. 반면, 내가 겪고 있는 정신 질환이 두려움과 거부감을 덜 주는 사회라면 사실대로 말하는 데 어려움이 없을 것이다. 따라서 정신 질환에 대한 낙인이 줄어들수록 그것을 결근 이유로 언급하는 경우가 증가하리라고 볼 수 있다. 그런데 일부 정신 질환에 대한 낙인은 줄어들고 있는 반면, 다른 정신 질환에 대한 인식은 여전히 정체되거나 심지어 증가하고 있다는 연구 결과도 있다.

따라서 이런 수치들을 볼 때 오해의 여지가 있을 수 있다는 점을 항상 염두에 두는 것이 중요하다. 예를 들어, 빈곤에 처한 사람이나 중증 장애인의 수가 증가했다는 보도를 접하면, 우리는 다음과 같은 질문을 던져야 한다. '이와 같은 현상은 사회에 실제로 변화가 있기 때문인가? 아니면 원래 빈곤이나 심각한 장애를 가지고 있던 사람들이 이제야 그 존재를 인정받고 있는 것인가?' 이 구분은 매우 중요하다. 왜냐하면 첫 번째 해석은 일반적으로 이러한 데이터를 통해 우리에게 제시되는 것으로, 사회적 문제를 보여준다. 반면에 두 번째 해석은 긍정적인 문화적 변화, 즉 우리 사회가 이전에는 무시해왔던 문제를 비로소 인식하고 있음을 보여주기 때문이다.

이 모든 것으로부터 배울 수 있는 교훈은, 특정 방향을 가리키는 데이터가 산더미처럼 쌓여 있어도, 그 위에 일관되고 그럴듯해 보이고 심지어 맘에 꼭 드는 설명이 있어도, 자신의 해석에 의문을 제기해야 한다는 것이다. 이 모든 것이 해석의 옳음을 의미하지는 않기 때문이다. 사실에 대한 해석도 결국 하나의 의견일 뿐이다.

그렇다면 사실에 대해서는 동의하지만, 의견이 극단적으로 다른 경우에는 어떻게 해야 할까? 이 경우에도 적용할 수 있는 전략들이 있지만, 상황에 따라 그 효과는 다를 수 있다. 이 점을 가장 잘 보여주는 예시는 2킬로그램이 채 되지 않는 돌이 전 세계 과학계를 뒤흔든 경우다.

우리는 어떤 설명이 옳은지 알 수 없다

미국 대통령이 과학적 결과를 발표하기 위해 직접 기자회견을 여는 일은 자주 있지 않다. 다만, 그해는 선거가 치러지는 해였고, 당시 대통령이던 빌 클린턴은 중요한 정치 홍보 일정을 소화 중이었다. 선거 전략으로 그는 미국의 승리에 대해 이야기할 필요가 있었다. 백악관 앞 정원에서 그가 했던 다음 연설은 인상적인 순간 중 하나였다.

"이 발견이 확정된다면, 이것이야말로 과학이 우리 우주에 대해 밝혀낸 가장 중요한 통찰 중 하나가 될 것입니다. 또한, 우리가 상상할 수 있는 가장 포괄적이고도 경이로운 의미로 기억될 것입니다."

과학 연구팀을 이토록 웅장한 말로 칭송하는 일은 극히 드물지 않는가! 할리우드의 영화 제작팀은 이 연설에 흥분했다. 이 연설의 일부를 사용할 장면을 이미 촬영 중이었기 때문이다. 언젠가 다른 곳에서 언급한 바 있지만, 1990년대 가장 과소평가된 영화 중 하나인 〈콘택트〉는 지성을 가진 외계인으로부터 온 우주 신호에 관한 이야기다. 당연히 클린턴의 연설은 영화에 포함됐고, 그것을 영화 속에 잘 녹여낸 덕분에 제작사는 백악관으로부터 클린턴이 실제로 영화에 출연했는지 여부를 관객에게 확실히 명시하지 않았다는 이유로 항의 편지를 받기도 했다.

그런데 대통령은 왜 그렇게 흥분했을까? 1980년대 중반 남극 빙하에서 발견된, 무게가 2킬로그램도 안 되는 우주 암석 때문이었다. 남극은 우주 암석을 찾는 데 더할 나위 없는 곳이므로, 그 자체만으로는 그리 놀랄 일이 아니다. 남극은 대서양이나 검은 숲보다 훨씬 더 쉽게 우주 물체를 찾을 수 있는 거대한 백색 지역이다. 또한 얼음이나 바람, 녹는 과정에서의 변화가 합쳐져 이 돌들이 특정 장소에 모이게 된다. 따라서 소위 '운석 좌초 지대(일부는 아직 발견되지 않았을 가능성이 있음)'라고 불리는 지역은 외계 과학을 수행하기에 이상적인 장소라 할 수 있다.

지질학자 로비 스코어Robbie Score가 이 특별한 암석을 발견한 곳도 바로 이 지역 중 하나였다.[13] 운석은 처음부터 특별해 보였다. 하지만 일단 'ALH 84001'이라는 번호가 붙었고, 제대로 연구 작업이 이루어지기 전까지 몇 년 동안 보관 상태였다. 이 또한 드문 일은 아니었다.

1990년대에 운석을 제대로 조사하면서 놀라운 사실이 밝혀졌다. 그 맥락을 이해하려면, 산소 원자가 각자 조금씩 다르다는 사실을 간략히 설명해야 한다. 많은 사람에게 혼란스럽고 새롭게 들릴 수 있는 내용이지만, 그게 사실이다. 원자의 다양한 변형은 동위원소^{Isotope}라고 불린다. 이는 그리스어로 '같은 자리'를 의미하는데, 이 변형들이 각각 '원래 원자$^{\text{Original-Atom}}$'와 주기율표상에서 동일한 자리를 가진다는 뜻이다. 이 책에서는 원자의 구조를 자세히 살펴볼 시간이 부족한 관계로, 빌 클린턴이 그토록 열광했던 이유가 무엇인지 이해하려면 여러 동위원소를 동일한 모델의 자동차 여러 대라고 상상해보는 편이 좋겠다. 다만, 각 차의 트렁크에 실은 짐이 다를 뿐이다. 차들은 모두 같은 모양이고, 같은 색이다. 모두 같은 마력이고 좌석 수도 같다. 대부분의 상황에서, 트렁크에 실린 짐의 양은 중요하지 않다. 그럼에도 불구하고 급브레이크를 밟은 후에 어떤 차의 제동 거리가 더 긴지를 본다거나, 시간에 따른 연료 소비량을 추적한다거나, 충돌 후에 트렁크 안의 짐이 어떤 영향을 받는지를 확인하는 방식 등으로 짐의 양을 측정해볼 수 있다.

모든 원자(그리고 모두 원소)는 서로 다른 동위원소를 가진다. 어떤 원소는 시간이 지나도 안정적이고, 어떤 원소는 그렇지 않다. 불안정한 동위원소는 두 가지 측면에서 잘 알려졌다. 첫째, 우라늄 농축과 관련된 측면이다. 핵분열 반응을 일으키려면 우라늄은 자연에서 발견되는 것보다 더 높은 비율의 불안정한 동위원소를 포함해야 한다. 따라서 우라늄을 원자력 발전소나 핵무기에서 사용하려면 이 비율을 인위적으로 높여야 한다. 이는 바로 농축이라는 용어의 의미이기도 하다. 둘째, 동위원소의 비율을 사용해 원소의 나이를 추정할 수 있다는 측면이다. 이는 불안정한 동위원소들이 시간이 지남에 따라 일정한 비율로 붕괴되기 때문에 가능하다. 이러한 방법은 고대 물질을 연구하는 데 매우 유용하다. 이 불안정한 동위원소들이 ALH 84001이라는 돌에서 쉽게 발견됐다. 이 돌은 매우, 아주 매우 오래된 것으로, 40억 년 이상 된 암석으로 추정된다.

그런데 수십 억 년간 붕괴되지 않은 안정 동위원소 역시 이 돌에 존재한다. 이것들은 일종의 식별 가능한 지문을 제공한다. 소행성으로부터 떨어져 지구로 온 우주 암석은 지구에 있는 돌과 다른 동위원소 특성을 가지고 있다. 그리고 ALH 84001은 이전에 발견된 세 운석과 그 특성이 일치했다. 인도, 이집트, 프랑스에서 발견된, 셰르고티^{Shergotty}, 나클라^{Nakhla}, 샤시니^{Chassigny}라고 불리는 운석들(이들을 총칭해 'SNC'라고 부른다)이 지닌 특성과 일치한 것이다. 그래서 이 네 개의 물체는 모두 같은 곳에서 왔다는 결론을 내릴 수 있었다. 이들의 출처가 어디일지에 대한 의구심은 그 돌들의 데이터를 화성 표면에서 바이킹 탐사선이 보낸 데이터와 비교했을 때 풀렸다. 그것들은 화성 암석이었다.

도대체 어떻게 화성의 암석이 지구에 떨어졌을까? 화성이라는 붉은 행성은 지구의 이웃일지 모르지만, 비행기로 가려면 몇 달이 걸릴 정도로 아직까진 너무 멀다. 만약 지구를 지름이 1미터인 구로 상상한다면, 지구의 대기는 1센티미터도 채 되지 않는다. 이런 기준에 따르면, 달은 지구에서 약 30미터 떨어져 있는 셈인데, 이는 인간이 지구에서 가장 멀리까지 나아가 착륙한 곳이기도 하다. 그렇다면 화성은 어떤가? 화성은 앞의 기준에 따라 계산하면, 평균 약 18킬로미터 떨어져 있다. 어떻게 그 먼 거리를 작은 암석들이 우연히 날아와 지구에 도달했을지 참으로 상상하기 어렵다. 하지만 여기에서 내가 앞에서 언급한 꿈에 관한 이야기가 다시 중요한 역할을 한다. 아주 작은 확률이라도 사례의 수가 충분히 많으면 실제로 일어날 수 있다. 꿈의 경우, 꿈꾸는 사람의 수가 많았으므로 같은 꿈을 꿀 확률도 높아졌다. 화성 운석의 경우, 초기 태양계에는 많은 물질이 존재했기 때문에 그 물질들이 기존 천체들의 중력에 빠져드는 경우도 많았으리라고 추정할 수 있다.

좀 더 조사해본 결과, ALH 84001은 지구에 출현한 새로운 존재가 아니라 약 1만 3,000년 동안 남극의 추위 속에 노출돼 있었다는 사실이 밝혀졌다. 또한 보호되지 않은 우주 방사선에 노출된 기간을 추정해, 그 돌이 이전에 화성과 지구 사이의 공간에 거의 7,000만 년 동안 있었으리라고 짐작됐다. 그런데 애초에 이 돌이 어떻게 화성에서 벗어났을까? 이때 중요한 개념이 탈출속노다. 행성의 질량에 따라 중력을 벗어나기 위해서는 특정한 속도에 도달해야 한다. 그렇다면 뉴턴의 사과를 궤도로 올려 보내기 위해서는 얼마나 세게 던져야 할까? 지구에서는 초속 11.2킬로미터로 상당히 빠른 속도가 필요하다. 반면에 화성에서는 그 속도가 약 초속 5킬로미터에 불과하다. 이런 힘이 어디에서 비롯됐는지에 대한 설명은 둘로 나뉜다. 하나는 영화 〈로그 원〉[14]에서처럼 죽음의 별 지휘관이 자신의 레이저 위력을 행사한 덕분이고, 다른 하나는 바로 소행성 충돌 탓이다. 여기에서는 후자를 가정해보겠다.

이러한 데이터들을 바탕으로(물론 이 모든 데이터는 어느 정도 불확실성을 포함하지만), 우리는 ALH 84001이 화성에 관한 많은 정보를 들려줄 방문객이라고 추정할 수 있다. 이 자체만으로도 매우 흥미로운 일이다. 우리가 알고 있는 화성에 대한 여러 정보에 따르면, 과거의 화성은 지금과는 매우 다르게 보였을 것이다. 어쩌면 거대한 바다가 존재했을 수도 있다. 그리고 이 암석은 화성의 과거를 이해하기 위한 '우리의 유일한 희망'이라고 불리기도 했다.

바로 그때, 영화에 대통령까지 등장시킨 결정적인 발견이 이루어졌다. 바로 이 돌 속에 화성에서 온 생명체가 들어 있을지 모른다는 발견이었다! 한 연구팀은 이를 뒷받침하는 증거들을 제시한 논문을 발표해서 큰 주목을 받았다. 논문의 주요 주장을 요약하자면 이렇다. 남극에서 온 것이 아닐 수 있는 암석 내부에서 생명체에 필요한 물질이 발견됐으며, 그 물질은 부분적으로 지구에서 화석과 관련해서만 발견되는 방식으로 배열돼 있었다. 예를 들어, 자성 결정$^{Magnetische\ kristalle}$은 지구상에서 소위 '자성 박테리아 $^{Magnetotaktischen\ Bakterien}$'라고 불리는 것으로만 형성되는데, 이 박테리아는 농담이 아니라 지구 자기장에 따라 방향을 잡기 위해 이 결정체를 이용한다. 이러한 발견 외에도 현미경 분석 결과, 암석에 미생물의 화석과 매우 흡사한 모양이 있는 것으로 나타났다. 그 모양이 궁금하다면, (보통 괴짜들이 열광하는) 플러시^{Plush} 미생물 봉제 인형을 떠올려보라.

한편, 이 암석에서 실제로 화성 생명체의 흔적이 발견됐다는 주장은 그야말로 터무니없는 주장이었다. 우리는 이미 탐사선과 로봇을 화성에 보내 조사했지만, 생명체의 흔적이라고는 전혀 발견하지 못했다. 그리고 무엇을 발견하든 간에, 그것이 얼음 속이든 실험실에서든 지구 미생물에 의한 오염일 가능성이 훨씬 더 크다. 다른 한편으로, 생명체가 생각보다 훨씬 더 강인하다는 사실이 밝혀진 것은 이번이 처음은 아니다. 이 운석의 발견은 이른바 극한 환경에서 서식하는 미생물, 이른바 극한 미생물Extremophilen에 대한 연구가 활발하게 진행되던 시기에 이루어졌다. 즉, 어떤 설명이 옳은지 우리는 알지 못한다. 때때로 데이터는 여러 가지 해석에 모두 부합하기도 한다.

과학계는 처음에 이 주제에 대해 회의적인 태도를 보였다(과학계에서 흔히 있는 일이다). 원래 논문이 실렸던 학술지인 《사이언스》에 실린 한 논평에서는 매우 신속하게 이와 관련한 모든 주장을 열거하면서, 그것들이 자연적으로 발생했을 수도 있지만, 적어도 지구에서는 이전까지 한 번도 본 적이 없는 것이라고 설명했다. 이 논평의 서두는 친절하게 시작하지만, 마지막에는 명확한 결론을 내린다.

"이 모든 것을 관찰해본 결과, 비유기적 설명이 가장 그럴듯하게 받아들여지며, 오컴의 면도날[15] 원칙에 따라 우선순위를 갖는다."

저자는 관찰한 사실을 설명하는 데 두 가지 설명이 똑같이 적합하다면, 가정이 적은 설명을 우선시해야 한다는 과학적 원리를 내세웠다. 가령, 내가 집을 비운 사이에 발코니 문이 열려 있었고, 그 사이에 종이 상자가 넘어져서 크리스마스 장식 하나가 망가졌다고 치자. 이 경우, 원인은 발코니 문을 통해 불어온 바람일 수도 있고(종이 상자가 가까이에 있었고 가벼웠으니까), 아니면 누군가가 집 벽을 타고 올라와 문을 열고 들어와서 상자를 넘어뜨린 후 아무도 모르게 다시 나갔을 수도 있다.

이 두 가지 설명 모두 가능한 일로 여겨지겠지만, 바람이 원인이라는 설명이 좀 더 설득력을 가진다. 이 원리를 적용한다고 해서 앞에서 언급한 과학자가 화성 생명체의 존재를 배제하는 것은 아니다. 물론 누군가가 내 아파트에 몰래 들어와 크리스마스 장식을 딱 하나만 망가뜨리고 다시 나갔을 가능성도 있다. 그럴 가능성은 희박하지만, 꿈과 화성인의 경우에서 보았듯이, 불가능한 일도 항상 일어난다. 그렇지만 여기에서 중요한 것은 구체적인 상황, 즉 셜록 홈스가 여덟 가지의 초기 단서를 줄여나가는 과정이다. 오컴의 면도날 원리에 따르면, 가능한 설명들 중에서 더 간단한 설명이 진실에 가까울 확률이 더 높다.

역사상 처음으로 외계 생명체의 존재를 증명할 기회를 얻은 연구자들은 순진하게 행동하지 않고, 매우 전략적으로 행동했다. 그중 하나는 이들이 일종의 '레드 팀'을 도입한 것이다. 이 용어는 자신의 보안 시스템을 약화시키기 위해 고의적으로 자신에게 해가 될 수 있는 반대편 역할을 하는 사람을 활용하는 것을 가리킨다. 내가 가장 좋아하는 예는 낯선 사람, 즉 아이들의 지인이 아닌 사람에게 학교로 가서 아이들을 데려오라고 부탁하는 것이다. 이는 우리 아이가 낯선 사람의 차에 타는지를 테스트하는 안전한 방법이다. 레드 팀은 당신에게 불리한 것 같지만, 결국에는 당신에게 이익이 된다.

ALH 84001 연구 그룹에는 행성의 색깔에 따라 두 팀이 구성됐다. 레드 팀은 화성에 생명체가 있었다고 가정하고, 그 외의 다른 사실들을 고려해야 했다. 이들의 목표는 더 흥미로운 가정을 뒷받침할 수 있는 새로운 가설을 만드는 것이었다. 반면에 블루 팀은 미생물이 지구 생명체에 의해 오염됐다는 가정하에 연구를 진행했다.

나는 화성 미생물의 존재(혹은 그 미생물의 지속적인 존재)가 드디어 입증됐다고 보고하거나, 그 작은 생명체들이 초기 지구에서 화성으로 이동했다고 말하는 이야기들을 전하고 싶다. 그러나 최초의 보고서가 발표된 지 20년이 지난 지금, 업데이트는 상당히 지루하게 진행되고 있다. 먼지가 아직 완전히 가라앉지 않았고, 암석 조각들은 아직까지도 계속 분석 중이다. 그럼에도 불구하고, 발견된 암석 속 성분을 자연적 과정이나 오염으로 쉽게 설명할 수 있지 않을까 하는 의견이 점점 커지고 있다. 심지어 미생물의 전형적인 형태와 앞서 언급된 자성 결정(후자가 여전히 가장 강력한 후보임에도 불구하고)까지 포함해서 말이다.

하지만 이 논쟁이 과학에서 중요한 진전을 이루었다는 점에는 의심의 여지가 없다. 왜냐하면 이 논쟁은 사람들이 이전에는 전혀 논의하지 않았던 것에 대해 생각하게 만들었기 때문이다. 업데이트된 내용에서 원래 논문의 저자는 오늘날까지도 우리가 실제로 무엇을 찾고 있는지에 대한 명확한 정의가 없다고 불평한다. 매우 근본적인 차원에서 보자면, 우리가 생명이라고 일컬을 수 있는 지점은 어디일까? 언제 화학이 생물학으로 전환되는 것일까? 심지어 지구에서도 우리는 이 문제에 답을 찾는 데 어려움을 겪고 있다. 예를 들어, 바이러스가 그렇다. 바이러스를 분해해보면, 바이러스는 자신을 둘러싸고 있는 방식 덕분에 놀라운 일을 할 수 있는 유전자 물질에 불과하다. 바이러스는 세포를 가지고 있지 않고, 자체적인 대사도 하지 않으며, 성장하지도 않는다. 바이러스가 무엇인지 모르고 다른 행성에서 바이러스를 만났다면, 우리는 아마도 그것을 생명체로 분류하지 않았을 것이다. 가로등 불빛 아래에서 집 열쇠를 찾는 격이다. 이 경우에는 ALH 84001이 가로등 불빛인데, 우리가 집 열쇠를 본 적이 없다는 사실로 인해 탐색의 과정은 좀 더 복잡해진다.

ECREE 원칙

첫 번째 논문부터 운석에 대한 전체 이야기를 관통하는 한 가지 지혜가 있으니, 그것은 비범한 주장에는 비범한 증거가 필요하다는 것이다. 이는 빌 클린턴이 그 발견을 공개한 날, 화성 생명체에 비판적인 연구자가 기자회견에서 말한 내용이기도 하다. 그의 말은 칼 세이건Carl Sagan을 인용한 것이었는데, 사실 세이건은 이 개념을 발명한 사람이 아니라 유명한 문구를 대중화한 사람이다. 이 문장은 원래 영어 문구[16]의 첫 글자들을 따서 'ECREE'라고 축약해 부르기도 한다. 세이건은 현대 과학 커뮤니케이션 역사에서 중요한 인물 중 한 명으로, 당시 사건들과 또 다른 연결 고리가 있었다. 바로 영화 〈콘택트〉의 원작 소설을 쓴 작가라는 점이다.

ECREE 원칙 뒤에 담긴 정확한 의미는 무엇일까? 나는 프레디에게 이렇게 설명했다. 만약 프레디가 오늘 아침에 비싼 BMW를 샀다고 말한다면, 나는 그것이 그로서는 이례적인 결정이라고 의심할 것이다. 그렇지만 그가 차 안에서 찍은 셀카 사진이나 구매 영수증과 등록 서류를 가지고 있다면, 나는 그의 말을 납득하고 신뢰할 수 있을 것이다. 그런데 프레디가 오리지널 우주왕복선 아틀란티스를 샀다고 주장한다면, 상황은 달라진다. 나는 "터무니없는 소리!"라고 대꾸할 것이다.

"그건 케네디 우주 센터에 전시돼 있는 것이지 결코 판매용은 아니라고!"

이윽고 프레디는 고집을 부리며 정원에 있는 자신과 우주왕복선의 사진을 보여주더니 주머니에서 구매 사실을 확인할 수 있는 서류를 꺼내 보여준다. 심지어 우주왕복선을 독일로 운반하는 것에 대해 논의하는 내용이 담긴, 미 항공우주국으로부터 받은 이메일도 나에게 보여준다. 그러나 나는 그 어떤 것도 믿지 않는다. 이 모든 것들은 쉽게 위조할 수 있기 때문이다. 이 시점에서 나는 텍사스에 곧 거대한 디즈니 테마 파크가 생길 것이라고 수백 명의 투자자들을 속여 자신이 소유한 무가치한 땅을 큰돈을 받고 팔아넘긴 사기꾼을 떠올려본다. 사람들은 쓸모없던 땅이 수많은 호텔과 공항 등을 갖춘, 거대하고 새로운 비즈니스 허브로 성장하리라고 믿게 됐다. 사기꾼은 계획서와 서명을 비롯해 상상할 수 있는 모든 것을 가지고 있었지만, 그 어떤 것도 진짜는 아니었다. 마찬가지로 프레디의 이야기는 불가능해 보이지만, 위조는 충분히 가능하기 때문에 나는 그의 주장을 불신할 것이다. 그의 정원에서 우주왕복선을 직접 보게 된다고 해도 여전히 의심할 것이다. 그저 정교한 복제품일 수도 있기 때문이다.

그럼에도 불구하고 두 주장―BMW에 대한 주장과 우주왕복선 아틀란티스에 대한 주장―은 둘 다 맞을 수도 있고 틀릴 수도 있다. 우선 프레디의 진술과 휴대폰 사진 등 두 가지 모두에 대한 비교 가능한 데이터베이스가 존재한다. 그렇다면 어떻게 하나의 경우에는 의견을 확립하기 전에 추가 증거를 요구하고, 다른 경우에는 그렇지 않을 수 있을까? 바로 이것이 ECREE의 핵심이다. 증명을 요구하는 부담은 주장의 예상 확률에 따라 조정된다. 이런 식의 방식은 꽤 합리적으로 들린다. 실제로 이는 과학적 방법론에서 가장 중요한 통찰 중 하나다. 이 원칙이 여전히 이상하거나 자의적으로 느껴진다면, 당신만 그런 것은 아니다.

최근 이 개념에 대한 생산적인 논의가 영리한 벌들을 계기로 시작됐다. 2020년 한 기사에는, 꿀벌에게 0의 개념과 수학의 덧셈과 뺄셈을 가르치는 방법이 실렸다. 이 방법은 Y자 모양의 작은 미로를 사용했다. 이 미로에서 벌들은 항상 두 경로 중 하나를 선택할 수 있었다. 한쪽 끝에는 맛있는 설탕이, 다른 쪽 끝에는 벌들이 싫어하는 쓴 퀴닌[17]이 있었다. 여러 실험을 통해 벌들은 미로 입구의 기호가 파란색이면, 기호가 하나 더 많이 붙은 길에 설탕이 있음을 학습했다. 한편, 연구자들은 벌들에 미로 입구의 기호가 노란색이면, 설탕은 기호가 하나 적게 붙은 길에 있다는 것도 가르쳤다. 몇 번의 훈련 세션이 끝난 후, 선택의 결과를 확인했는데, 벌들은 분명히 그 개념을 이해한 것 같았다. 적어도 벌들이 대부분 올바른 통로로 가는 모습을 보인 것이다. 대조군 실험을 통해 그들이 단순히 기억이나 냄새로 올바른 길에 도달할 수 없다는 것도 확인됐다. 분명 벌들은 계산하고 있는 듯 보였는데, 아마도 줄무늬를 이용해 기호를 세었을 것이다. 나는 개인적으로 이것이 가장 귀여운 트릭이라 생각한다.

화성에서 온 운석과 마찬가지로, 이를 다소 어처구니없는 결과로 간주할 만한 이유도 있다. 일단, 바쁜 벌들의 작은 뇌를 고려할 때, 그들이 덧셈과 뺄셈과 같은 추상적인 개념을 익힐 수 있으리라는 기대는 하지 않았을 것이다. 하지만 다른 동물들, 심지어 여러 곤충들도 놀라운 인지 능력을 가졌다고 알려졌다. 따라서 이 결과가 얼마나 황당하다고 생각하는지는 각자의 의견과 기대에 따라 조금씩 달라질 수 있다. 이로 인해 일부 심리학자들이 등장했다. 현재 심리학 분야에는 '재현 위기[18]'라고 불리는 현상이 있는데, 이는 지난 몇십 년간의 연구 결과에 대한 집단적인 의문을 제기한다. 그 결과, 이 보고서가 발표돼야 했는지 여부에 대한 논의가 즉각적으로 이루어졌다.

과연 과학계에서는 어떤 경우가 더 많을까? 매우 대담한 가설이 발표된 후 나중에 틀렸다고 밝혀지는 경우가 더 많을까? 아니면 데이터가 충분히 강력하지 않으면, 발표 전에 그것을 막는 경우가 더 많을까? 다시 말해, 우리는 특이한 결과에 어떤 기준을 적용해야 할까?

이 문제에 대해 매우 흥미로운 토론이 진행됐고, 심리학 분야의 연구자들이 견해를 제시했다. 한쪽, 여기에서는 '꿀벌 편'이라 부를 수 있는 측에서 이렇게 말했다. "우리는 어떤 것을 과학적으로 입증됐다고 간주하기 전에 높은 수준의 증거를 적용해야 하지만, 반대로 처음 발표하는 내용에 대해 지나치게 엄격하게 접근해서는 안 된다." 이는 아인슈타인이 태양이 일식 중에 별을 가릴 것이라고 예측한 예를 돌아보면 이해가 가능하다. 그의 예측은 매우 특별하게 들렸고, 탐사가 이루어질 때까지 논란이 있었으나, 결국 증명됐다. 중성미자에 대한 예도 마찬가지다. 그러니 '꿀벌 편'의 입장을 응원하는 것이 당연하다!

하지만 반대 측도 매우 훌륭한 논거들을 제시했다. 발표된 논문의 증거에 대한 기대가 너무 낮으면, 나중에 반박되거나 결코 확증되지 않는 결과들이 더 많이 나올 수 있다는 것이다. 단기적으로, 이는 평균적으로 더 관리하기 어려운 연구 자료를 양산하고, 우리가 접하는 논문에 대한 신뢰도를 낮추며, 잠재적으로 자금 낭비를 초래한다. 동물실험이 포함될 경우 문제는 더욱 심각해진다. 연구에서 이러한 실험은 정말 필요한 만큼만 해야 한다는 공감대가 형성돼 있기 때문이다. 또한 백신과 자폐증에 관한 웨이크필드Wakefield 연구의 예는 제대로 검증되지 않은 과학 논문이 얼마나 큰 피해를 초래할 수 있는지를 보여준다. 당시 존재하지 않는 연관성을 보여주기 위해 의도적으로 데이터를 조작한 사실이 드러났다. 이로 인한 피해는 오늘날에도 이 주제에 대한 설문 조사에서 분명하게 드러난다. 일부 사람들은 여전히 백신이 자폐증을 유발한다고 믿는다. 하지만 그것은 결코 사실이 아니었고, 연구 결과가 발표된 직후부터 연구에 대한 의문이 제기됐다. 따라서 과학 논문은 확실한 데이터가 확보될 때까지 그 내용이 의심스러울 경우에 공개되거나 발표되지 않아야 한다고 반대 측은 주장했다. '영리한 벌' 연구의 경우도 이에 속하므로 그 결과를 발표하기에는 너무 이르다는 주장이다.

그래서 우리는 매우 특별한 주장을 하는 연구에 두 가지 전략으로 대처한다. 주장하는 바가 의심스러우면 두고 보거나, 아니면 거부하는 것이다. 하지만 여기에서 훨씬 더 큰 질문이 제기된다. 사실과 의견에 대해 좀 더 깊이 들여다보기 위해서는 무엇이 특별한 주장인지를 밝혀야 한다. 어떤 주장이 너무 특별해서 특별한 증거를 제시해야 한다는 기준에 부합된다면, 그 기준을 어떻게 세워야 하는가? 이보다 더 중요한 것은, 이 기준을 누가 설정하느냐는 것이다.

만약 이것이 단지 의견에 관한 문제라면, 마지막 질문에 대한 답은 명확하다. 나는 나만의 우주의 주인공이기 때문에 내 의견을 어떻게 형성할지 결정할 수 있다. 그리고 나는 이렇게 말할 수 있다. 나는 절대로 프레디가 우주왕복선을 샀다는 말을 믿지 않을 것이다. 그의 집 정원에서 우주왕복선을 눈으로 몇 시간 동안 샅샅이 훑어본 후, 플로리다로 날아가서 실제로 우주왕복선을 팔았고 독일로 보냈다는 증거를 그곳 사람들에게 확인받지 않는 한 말이다. 이 매우 엄격한 기준은 개인적인 의견을 형성하는 데 완벽하게 수용될 수 있는 기준이다. 결국 나는 무엇을 믿거나 누군가를 신뢰하는 데 필요한 것이 무엇인지 스스로 결정할 수 있고, 결정해야 하기 때문이다.

하지만 이 논의는 개인적인 태도에 관한 것이 아니라 과학에 관한 것이며, 의견이 아니라 사실에 관한 문제다. 따라서 어느 정도는 기준을 합의해야 한다. 또한 가능하다면 이 기준은 단순히 '내가 그것에 대해 이상한 느낌을 받았다'와 같은 것이어서는 안 된다. 심리학자 메리 머피Mary Murphy가 논의 중에 명확히 지적했듯이, 특별한 주장이 무엇인지를 정의하려면 먼저 일상적인 주장의 범위를 정의해야 한다. 우리는 이전의 경험을 바탕으로 새로운 주장이 우리가 합리적이라고 여기는 것과 얼마나 반대되는지 측정한다.

이 기준이 명확하고 모든 사람이 이 기준을 일제히 인정한다면, 이 방식은 효과가 있을 수 있다. 아인슈타인의 태양 일식 예가 바로 그런 경우였다. 간단히 말하면, 그의 주장은 당시 물리학과 상반됐고, 매우 설득력 있는 증거가 발견된 후에야 받아들여졌다. 중성미자가 빛보다 빠르게 여행한다는 주장도 비슷한 상황이었지만, 결국 그것은 반박됐다. 화성의 미생물이나 '똑똑한 벌'에 대한 연구는 어떨까? 이 경우, 현재의 자연과학에 반하는 주장이 아니라, 오히려 여러 분야에서 이루어진 이전 연구 결과들을 바탕으로 한 합리적인 의심이 다양한 정도로 표출되고 있다. 예를 들어, 인간 신경심리학의 관점에서는 이를 회의적으로 바라볼 수 있다. (어떻게 그렇게 작고 고도로 특수화된 벌의 뇌가 그런 성과를 낼 수 있을까?) 반면, 동물학이나 곤충학의 관점에서는 오히려 열린 마음으로 접근할 가능성이 크다. (벌과 다른 곤충들은 인지 능력으로 우리를 여러 번 놀라게 했다.)

그러므로 주장의 예외성을 측정할 수 있는 보편적인 기준이 항상 존재하는 것은 아니다. 오히려 미국 대법원에서 한때 사용됐던 다음의 모토가 적용될 수 있다.

"나는 그것을 보면 압니다(I know it when I see it)."

이 문장은 프랑스에서 제작된 한 로맨스 영화가 음란한지 여부를 결정하는 논거로 사용됐다. 구체적으로 말하자면, 그 영화가 예술적 자유의 대상이 되는지, 아니면 '하드코어 포르노'인지 아닌지를 판단해야 했다. 이를 위해서는 하드코어 포르노가 실제로 어디에서 시작되는지를 명확하게 정의해야 할 필요가 있었다. 판사는

'나는 그것을 보면 압니다'라는 문장을 근거로 삼아 음경의 상태나 흥분 정도, 카메라 각도 등에 대해 길게 설명할 필요가 없었다.

　이 문장은 기본적으로 다음과 같이 말한다. 어느 시점에서 영화는 '일반적이고' '익숙한' 영역을 벗어나 포르노의 영역으로 들어간다. 그 경계선이 정확히 어디인지에 대한 질문에 대해서는 우리는 아마 대체로 동의할 것이다. 결국, 한 사회는 일반적으로 받아들여지는 예술의 범위와 외설의 경계를 어디로 설정할지를 스스로 결정해야 한다. 그런데 우리는 정말로 꿀벌이 계산을 할 수 있는지 없는지에 대한 질문에 이 기준을 적용하고 싶은 것일까? 사실 이것은 다수의 의견이 아니라 사실을 찾는 과정이 아닌가. 자연과학에서 이 문제는 의심하는 사람의 전문 분야가 무엇인지뿐만 아니라 의구심의 대상이 누구냐에 따라 의심의 정도가 달라지기 때문에 더 복잡해질 수 있다.

　앞서 언급된 토론에서, 학계에서 소수 집단에 속하는 사람들은 일반적으로 더 큰 의구심의 대상이 된다고 주장한다. (과학계에서 여전히 그러하듯이) 여성 또는 소수 집단의 주장은 덜 중요하게 여겨지는 반면, 백인 남성이 같은 내용을 주장한다면 그 주장은 더 신뢰할 수 있는 것으로 간주되는 경우가 많다. 다시 말해, 주장의 예외성을 측정하는 기준은 흔히 게이트키핑이라고 불리는 것에 매우 쉽게 악용될 수 있다. 과학을 백인 남성의 연합으로 유지하고 싶다면, ECREE 원칙이 이를 지키는 강력한 도구로 기능할 수 있다. '나는 당신의 주장이 과학적 사실로 인정되도록 허용하지 않겠다. 왜냐하

면 그것은 내가 설정한 일반성 기준을 충족하지 않기 때문이다.'

아주 기초적인 부분까지 분석해보면 문제는 다음과 같다. 과학은 개방적이어야 하며, 그렇지 않으면 중요한 정보를 놓치게 된다. 사실 모든 과학적 혁명은 어느 시점에서 누군가 당시의 일반적인 견해에 반하는 결과를 발표함으로써 시작됐다. 그렇게 해야만 과학적(혹은 다른 종류의) 진보가 이루어질 수 있다. 동시에 과학은 지나치게 개방적이어서는 안 된다. 충분한 증거가 없는 주장들이 사실로 간주될 수 있기 때문이다. 그렇지 않으면 개인적인 아이디어가 과학적 합의와 동등하게 여겨질 수 있다. 우리는 강력하게 뒷받침되는 주장과 그렇지 않은 주장을 구별하기 어려워질 것이다. 최악의 경우, 《사실은 의견일 뿐이다》라는 제목의 책을 쓰는 과학자가 등장할 수도 있다.

그렇다면 해결책은 무엇일까? 과학에는 적어도 이 문제를 해결할 수 있는 전략들이 있다. 예를 들어, 제출된 논문이 다른 곳과 동일한 방식으로 검토되고 평가되지만, 논문이 주장하는 바가 의심스러운 경우에 논문 게재가 거부되기보다는 받아들여질 가능성이 더 높은 특별한 저널이나 웹 사이트가 있을 수도 있다. 또는 혼란을 피하기 위해, 미완성이거나 반쯤 완성된 아이디어 혹은 비범한 아이디어를 전통적인 학술 출판 시스템 외부에서 발표할 수 있다는 새로운 개념이 등장할 수도 있다.

좋은 소식은 이러한 두 가지가 이미 존재한다는 것이다. 과학적 합의에 근거한 결과와 일치하는지 여부와 관계없이, 방법론이 타당하다면 원고를 받아들여주는 과학 저널들도 있다. 그리고 예상치 못했거나 매우 급진적인 논제를 발표하는 것이 더 일반적인 학술회의들도 열린다. 그럼에도 불구하고 두 통로 모두 나름의 어려움을 겪고 있다. 순수하게 방법론적인 학술지의 검토자조차도 완전히 편견이 없는 것은 아니며, 학회에서 들은 내용만 가지고 기정사실화하는 주장들이 발표되는 경우도 허다하기 때문이다.

요약하면, 어떤 진술이 사실로 간주될 수 있는지에 대한 과학적 합의는 명확하지 않고 모호하다. 따라서 가능한 개방적이면서도 필요한 만큼 엄격한 절충안을 도입해야 한다. 즉, 새롭고 특별한 진술은 누가 제기했는지에 관계없이 일단 수용한 다음, 엄격한 테스트를 거쳐 사실 여부를 판단해야 한다. 자연과학에 종사하는 관계자 대부분이 이러한 태도에 동의하리라고 나는 생각한다. 그런 다음에 다른 세부 사항, 즉 저널에 경고 라벨을 붙일지, 학회에서의 발언을 언론에 보도할지 여부와 방법 등에 대해 별도로 논의하면 된다.

우리는 기대에 따라 분류한다

그런데 또 다른 문제가 있다. 과학적으로 허용되는 것은 무엇이며, 허용되지 않는 것은 무엇인지에 대한 질문은 제출된 연구 자료 안에서만 발생하지 않는다. 이 문제는 그 이전, 즉 실제 과학적 작업이 이루어지는 실험실에서부터 발생한다. 가상의 예를 들어 이를 설명해보겠다. 독일인의 평균 월급을 조사하는 연구를 수행한다고 가정해보자. 이를 위해 독일에 사는 1,000명에게 전화를 걸 계획이다. 일단 휴대폰에 무작위로 전화번호를 입력하고 누가 전화를 받는지 확인한다. 통계적으로 이는 훌륭한 접근법이다. 왜냐하면 가능한 대표적인 표본을 위해 무작위로 많은 사람을 선택하는 것은 가장 좋은 방법이기 때문이다. 단순화를 위해, 첫 999통의 전화가 완벽하게 이루어졌다고 가정해보겠다. 즉, 독일에 거주하며 자신의 소득에 대해 솔직한 정보를 제공할 의향이 있는 사람이 매번 전화를 받는다는 가정이다. 모든 전화를 마치고 나서 지금까지의 평균을 계산한 결과, 3,539유로라는 수치를 얻는다. 지금까지는 좋다. 이제 마지막 한 통의 전화만 하면 연구가 끝난다. 전화를 걸자 상대방이 대답한다.

"나겔스만입니다, 무슨 일이신가요?"

이런, 우연히 독일 축구 국가대표팀 감독의 번호로 전화를 걸어버렸다! 보도에 따르면, 그는 한 달에 약 40만 유로를 번다고 한다. 전화로 정중히 작별 인사를 하기 전에 그가 대답한 내용도 그와 같다. 마지막으로 계산기를 꺼낸다. 이제 독일인의 평균 월급은 3,934유로로 급격히 상승했다. 이 예기치 않게 높은 데이터 포인트가 평균을 11퍼센트 이상 왜곡시킨 것이다!

이 상황을 어떻게 처리해야 할까? 가장 정직한 방법은 데이터를 그대로 보고하는 것이라고 생각할 수 있다. 어쨌든 미리 계획했던 정확한 방법을 사용했고, 데이터 수집에 어려움이 없었으며, 모든 사람이 정직하게 응답했으니까. 하지만 그렇게 되면, 이 결과를 접한 수많은 독일 사람이 자신은 '너무 적게' 월급을 받고 있다고 생각하게 될 것이다. 대다수 독일인들의 수입은 왜곡되기 이전의 데이터에 부합하기 때문이다.

어쩌면 당신은 그 국가대표 감독이 '보통의' 혹은 '보통 소득' 인구에 속하지 않기 때문에 그냥 전화를 끊었어야 한다고 생각할 수도 있다. 그러나 이는 어떤 사람이 '보통 인구'에 속하지 않는지를 두고 임의의 기준점을 설정하는 것일 수 있으므로, 자신의 기대치에 근거한 또 다른 판단일 수 있다. 따라서 여기에는 여러 논쟁의 여지가 생길 수 있다. 그러므로 계획대로 작은 경고와 함께 결과를 발표해야 할 수도 있다.

"엄밀히 말해서, 어떤 오류도 없지만, 우리는 연구가 우연히 왜곡됐을 가능성이 있다고 의심합니다."

하지만 경험에 근거해 말하자면, 그 후 보고서에 언급될 내용은 경고가 아니라 숫자다.

사실 완벽하게 오류가 없는 상황은 불가능해 보인다. 당신은 잘못을 피할 수 없다. 하지만 부담이 덜한 방법도 있다. 내가 선택한 것은 아주 간단한 예이므로 해결책도 간단하다. 우리가 '평균'이라고 할 때는, 보통 산술평균을 의미한다(이는 페르미 추정에 대해 이야기할 때 내가 불평했던 사실이기도 하다). 만약 다른 평균, 즉 중앙값을 사용하면, 원하는 결과인 월 3,539유로를 얻을 수 있다. 중앙값은 개별적인 극단값에 따라 쉽게 왜곡되지 않기 때문이다.

여기에서 문제의 핵심은 잘못된 실험 설계다. 월급처럼 개인의 상황에 따라 왜곡될 수 있는 요소에는 처음부터 산술평균을 사용하지 말았어야 했다. 그래서 나는 이 상황을 인위적으로 만들었다. 보다 일반적인 관점에서 보면, 이 문제는 다른 모든 연구에도 해당된다. 언제 어떤 결과를 통계적 이상 수치로 간주할 것인가? 때로는 상황이 매우 명확해 보일 수 있다. 예를 들어, 환자의 혈압을 측정했는데 999/99라는 결과가 나왔다면, 기술적인 오류가 발생했을 가능성이 매우 높다. 반면에 결과가 135/85라면 의심할 이유가 없다. 이는 우리가 기존의 의견과 잘 맞는 결과는 자연스럽게 사실로 받아들이고, 다른 것은 의심하거나 거부하는 상황으로 이어진다. 우리는 기대에 따라서 분류한다.

　이론과 관념의 차원에서만 그런 것이 아니다. 관찰과 측정을 할 때도 예상되는 것과 보이는 것 사이에 비교가 불가피하게 이루어진다. 이전 결과와 일치하는지 여부에 따라 동일한 숫자나 데이터가 한쪽에서는 의심의 대상이 되고, 다른 한쪽에는 그렇지 않을 수 있다. 우리는 월평균 급여라는 주제에 대해 완전히 열려 있고 자유로운 접근이 가능하다고 생각할 수 있다. 하지만 실제로는 어떤 값을 '너무 높다'는 이유로 거부할 수도 있는, 고정된 생각을 가진 것이다. 이것이 위험한 이유는 이런 문제가 항상, 어디에서나 적용되기 때문이다. 아무리 열린 마음으로 접근하려고 해도 우리는 보통 자신도 인식하지 못한 한계들을 설정하며, 그 한계들은 대개 우리의 개성과 세계관에 따라 강한 영향을 받는다.

　프레디가 내 생일 파티에 어떤 옷을 입고 가야 할지 물었을 때, 내가 "좋아하는 대로 입어, 규칙은 전혀 없어"라고 대답한다고 해도, 이는 그다지 옳은 대답이 아니다. 가령, 그가 알몸으로 오거나 히틀러 청소년단 유니폼을 입고 온다면 아마 나는 그를 내쫓을 것이기 때문이다. 동시에 사람들이 생일 파티에 알몸으로만 참석하거나 히틀러 청소년단 유니폼을 입고 가더라도 배척당하지 않는 문화 속에서 사는 것을 상상할 수 없는 것도 아니다. 이는 내 의도된 개방성이 실제로는 내 문화적 배경에서 직접적으로 발생하는 한계를 숨기고 있음을 의미한다.

이 문제는 정치에만 국한되지 않는다. 예를 들어, 2023년 초에 바이에른주 총리인 마르쿠스 쇠더[Markus Söder]는 인스타그램 계정에 다음과 같은 게시물을 올렸다.

"바이에른은 베를린과 다릅니다. 우리는 워크 문화[19]를 거부하고, 캔슬 컬처[20]와 젠더 의무를 거부합니다. 여기에서는 원하는 대로 먹고, 말하고, 노래할 수 있습니다."

이 글에는 논의할 만한 몇 가지 요점이 있지만, 지금은 세 번째 문장의 모호성에 대해 주로 이야기하고자 한다.

바이에른에서는 정말로 원하는 것은 무엇이든 먹을 수 있을까? 예를 들어, 내가 당장 쇠더의 애완동물 몰리를 먹고 싶은 욕구를 느낀다고 해도, 그 욕구를 충족하고자 하는 행위는 아마도 법적으로 금지 사항일 것이다. 또 언론의 자유에 관한 한, 내가 쇠더를 위협하거나 모욕했다가는 아마도 법적 처벌을 면할 수 없을 것이다. 다시 말해, 내가 원하는 대로 먹고 말할 수 있는 자유는 다른 사람에게 해를 끼치거나 그들의 자유를 위협하는 경우에 법적으로 제한된다. 대부분은 이것이 옳다는 데 동의할 것이다. 왜냐하면 이로 인해 우리는 법적인 보호를 누리기 때문이다. 하지만 이는 결국 우리가 원하는 대로 먹거나 말할 수 없음을 의미한다. 이 글에서 주장하는 것처럼 절대적인 자유는 항상 다른 사람들과의 문화적 합의가 있는 곳에서 생겨나는 환상이다. 실제로는 자신과 다른 사람들을 위해 엄격한 규칙을 설정하는 셈인데, 그 규칙을 명시적으로 언급하지 않고, 단순히 모든 사람이 자신과 같은 방식으로 그것들을 본다고 추정하는 것이다. 예를 들어, 어떤 사람이 더 포용적인 언어를 사용하기를 원하거나 식사 시 육류 대신 대체 음식을 먹어야 한다는 규칙을 모든 사람에게 확대 적용하기를 원한다는 것을 알게 되면, 그것이 단순한 문화적 담론일 뿐인데도 외부의 위협처럼 느껴질 수 있다.

정치에 대해 이야기하든 실험실에서의 작업에 대해 이야기하든, 우리는 문화적이고 경험적인 기대에 기반한 자신의 필터를 적용하는 것을 피할 수 없다. 이 생각을 좀 더 직설적으로 표현하자면, 어떤 것을 사실로 볼지에 대한 평가는 의견 없이 불가능하다.

내 말에 고개를 갸우뚱하는 이들이 많은 듯하니, 좀 더 자세히 설명해보겠다.

우리는 기대 없이 관찰할 수 없다

지금까지 나는 여러 예시와 연구 결과를 바탕으로 다음과 같은 깨달음을 분명히 전달하고자 했다. 우리는 각자 고유한 관찰 방식을 가졌다. 앞서 설명했듯이 우리는 명확하고 선명한 인식을 기록하고 그것을 기억하는 데 매우 서툴다. 가까스로 그 모든 것을 완벽하게 해낸다고 해도 여전히 자신만의 가로등 아래에서 탐색을 하며, 이미 형성된 선입견에 따라 평가를 한다. 이런 관점에서 보자면, 우리가 머릿속에 명확한 생각을 그려낸다는 것은 그야말로 기적에 가깝다.

일부 과학 분야에서는 왜곡된 인식 문제가 다른 분야보다 더 명백하게 드러난다. 앞서 언급한 대로, 양자물리학에 종사하는 이들과 사회과학에 종사하는 사람들은 놀랍게도 한 부분에서 일치된 의견을 보인다. 측정만으로 변화가 이루어진다는 것이다. 물리학에서는 이 원리를 슈뢰딩거Schrödinger의 고양이 실험으로 설명한다. 이 실험에서 우리는 상자가 열릴 때까지 상자 안에 있는 고양이가 죽었는지 살았는지 알 수 없다. (내가 가장 좋아하는 농담은 슈뢰딩거의 아내가 이렇게 외치는 것이다. "에르빈! 고양이를 어떻게 한 거야? 반은 죽었잖아!")

사회과학에서는 이러한 현상을 호손 효과[21]라고 부른다. 그 기원은 약 100년 전, 일리노이주에 위치한 호손 공장에서 조직심리학 연구가 수행됐을 때로 거슬러 올라간다. 연구의 일환으로 공장의 근무 시간을 바꾸거나 휴식 시간을 변경하거나 심지어 조명을 바꾸기도 했다. 이 연구는 훗날 이렇게 해석됐다. '생산성을 증가시키기 위해 취해진 조치가 무엇이든 간에, 모든 것이 어떤 형태로든 생산성에 영향을 미쳤다.' 이는 관찰 자체만으로도 개선이 이루어진다는 관점으로 이어졌다. 거기에는 그럴 만한 이유가 있다. 누군가가 나를 관찰하고 있다는 사실을 인지하면, 우리는 좀 더 신중하게 행동하게 된다. 이러한 해석이 원래 데이터에서 정확했는지에 대한 논란이 있지만, 이 용어는 이제 독자적인 생명력을 얻었다. 예를 들어, 코로나19 팬데믹 직전에 요양 시설에서 손 씻기 위생 규칙이 제대로 지켜지고 있는지, 또 이를 어떻게 측정할 수 있을지에 대한 문제가 제기됐다. 그런데 이를 파악하기 위해 요양 시설의 사람들을 직접 관찰할 경우, 호손 효과가 발생할 수 있다는 예측이 제기됐다. 관찰을 의식하는 사람들은 손을 씻는 데 더 신경 쓸 가능성이 크고, 따라서 요양 시설의 위생 수칙 준수 수준이 지나치게 긍정적이라는 결과가 나올 수 있다. 이러한 결과를 피하려면, 직접 관찰하는 대신, 시설에서 사용되는 비누 소비량을 측정하는 방법도 가능하다. 또한 윤리 문제에 신경 쓰지 않는다면, 직원들 누구도 모르게 비밀리에 관찰함으로써 호손 효과를 피할 수도 있다.

하지만 관찰자가 측정 데이터에 영향을 미친다면 또는 그럴 가능성을 완전히 배제할 수 없다면, 우리가 취해야 할 책임 있는 방법은 단 하나뿐이다. 자신의 영향력을 인식하고, 그것을 인정하며, 가능하다면 그것을 수치화하는 것이다. 저널리즘은 이 점에서 과학보다 유리하다. 고전적인 개념인 곤조 저널리즘Gonzo Journalism이 우리 사회에 알려진 지도 이미 50년이 더 됐다. 이 개념은 언론인이 자신의 주관적 경험과 감정을 기사 주제보다 더 많이 다루는 방식을 일컫는다. 이는 매우 저명한 미국 작가인 헌터 S. 톰슨Hunter S. Thompson으로부터 비롯됐다. 그가 쓴 이 장르의 가장 유명한 기사는 사막에서 열리는 모터크로스 경주에 대한 글이다. 객관적인 사실 대신 자신의 약물 남용과 지출 낭비 그리고 미국 문화의 쇠퇴에 대한 생각으로 가득 찬 글이었다. '라스베이거스의 공포와 혐오Fear and Loathing in Las Vegas'라는 제목으로 유명한 글이 바로 그것이다.

물론 곤조 저널리즘의 원칙이 모든 경우에 적합하지는 않다. 만약 최근 시의회 회의에서 결정된 사항을 알고 싶다면, 우리는 기자가 얼마나 많은 약물을 복용했는지 굳이 알 필요가 없다. 하지만 주관적 개입 없이는 실상을 적절하게 설명할 수 없는 상황이 있다면, 이 방법이 사람들의 인식을 깨우치는 데 도움이 될 수도 있다.

가령, 과학 저널리스트인 리 코워트Leigh Cowart가 도널드 트럼프의 선거 이벤트 중 하나를 보도한 방법을 떠올려보자. 그는 다음과 같은 글을 썼다. "만약 내가 더 나은 저널리스트라면, 보다 중립적인 관찰자라면, 덜 아웃사이더라면, 이 증오의 바다를 헤엄쳐나갈 힘이 내게 더 있지 않았을까 싶은 생각이 든다." 나는 그와 같은 상황에서는 정치적 메시지를 전달하는 것보다 공포라는 감정을 글의 논점으로 삼는 편이 훨씬 어울린다고 생각한다. 영화 〈콘택트〉는 이 문제의 핵심을 짚어낸다. 주인공인 과학자 엘리 애로웨이가 자신의 마음과 감정을 압도하는 무언가에 직면했을 때, 그녀는 그에 대해 의미 있는 보도를 할 수 없었으며, 그 상황에서는 자신보다 시인이 더 어울릴 것이라고 보고했다.

전설적인 물리학자 스티븐 호킹도 (겉보기에는) 객관적인 사실에 대한 주관적인 관찰 문제에 대해 고민해왔다. 이는 세계지도를 예로 들어 설명할 수 있다. 대체로 우리는 한 번에 지도의 한 부분만 볼 수 있으며, 그것도 흐릿하거나 불완전한 모습으로만 볼 수 있다. 그런 경우, 우리는 지도상의 정보가 겹치는 곳에 집중해야 한다. 예를 들어, 내가 아는 곳은 남부 독일뿐이고, 당신이 아는 곳은 동독이라면 우리는 지도에서 겹치는 부분을 바탕으로 지도를 퍼즐처럼 결합할 수 있다. 누군가가 내 지도에 프랑스를 덧붙이고, 당신의 지도에는 폴란드를 덧붙이는 식으로, 공통된 세계지도를 완성시켜 나가는 것이다.

세계지도는 모델이다. 우리가 지구본이나 집의 복제품을 모델이라고 부르는 것처럼 말이다. 하지만 과학에서 이 용어는 다른 의미와 더 큰 중요성을 가진다. 모델은 과학에서 매우 중요하기 때문이다. 이 단락을 읽기 시작하면서 안도의 한숨을 쉬는 독자도 있을 것이다.

"사실과 의견에 대해 이야기하면서 마침내 모델을 언급하는구나! 드디어!"

모델 의존적 실재론

과학적 모델이란 원래 우리가 일반적으로 이해하는 개념, 즉 현실 세계에서 우리가 알고 있는 어떤 것의 복제품 내지 시뮬레이션에 불과하다. 실제 세계에 존재하는 대다수는 전체를 그대로 복사할 수 없다. 따라서 모델은 보통 지구본이나 인간 뇌의 모형처럼 단순화된 표현이다. 하지만 과학적 모델은 단순히 대략적인 방향을 잡거나 사무실을 장식하기 위한 수단이 아니다. 과학적 모델의 핵심은 이를 통해 예측이 가능하다는 점이다. 예를 들어, 지구본을 사용하면 지구를 가로질러 땅을 팔 경우 어디에 도달할지 알 수 있다.

모델을 통해 우리는 더 복잡한 것들도 추정할 수 있다. 지구본을 손에 들고, 지구 주위를 도는 우주 로켓을 어디에 쏘아 올릴지 생각해보라. 지구가 실제로 회전하는 것과 같은 방향으로 지구본을 밀어보면, 적도 근처에서 로켓을 쏘아 올릴 때 가장 큰 추진력을 얻을 수 있기 때문에 훨씬 더 쉽게 궤도에 진입할 수 있음을 알 수 있다. 그 다음으로는 동쪽에 사람이 없는 지역을 찾는 것이 좋다. 로켓은 추진력에 의해 동쪽으로 움직이므로 만약 실수로 로켓이 발사됐을 때를 고려해 비행경로 아래에 아무도 없는 편이 가장 안전하기 때문이다. 이러한 기준을 살펴보면, 우주 개발 국가들의 주요 우주 기지 위치를 놀라울 정도로 정확하게 추정할 수 있다. (러시아와 유럽연합의 경우, 구소련 국가들과 해양 지역을 고려하는 것도 잊지 말아야 한다.)

그런데 과학적 모델은 우리가 일상생활에서 익숙하게 접하는 모델들과 다른 점이 있다. 세계지도나 지구본처럼 반드시 시각적인 표현일 필요가 없다는 것이다. 모델은 수학적일 수도 있다. 경사진 판의 위쪽 끝에서 공을 놓았을 때 공이 어디로 굴러갈지 알고 싶다면, 공의 모델을 만들어 시험해볼 수도 있다. 반면에 판의 각도나 중력과 같은 숫자를 적절한 수학적 공식에 대입해 계산할 수도 있다. 따라서 수학 공식도 하나의 모델이다.

생물학을 위해 만들어진 고전적인 모델인 로트카-볼테라Lotka-Volterra 방정식은 이 점을 더욱 분명히 알려준다. 이 방정식은 가령, 여우와 토끼 등을 포함한 생태계에서 포식자와 피식자의 수가 얼마일지를 계산할 때 다루는 수학 공식이다. 이 방정식에 어떤 장애물도 없는 시기의 토끼 번식률이나, 먹이가 부족할 때의 여우 사망률과 같은 숫자를 입력한다. 그런 다음, 모델을 사용해 시간이 지남에 따라 개체군이 어떻게 변화하는지 확인한다. 예를 들어, 토끼의 수가 줄면 시간이 지남에 따라 여우의 수도 줄어들지만, 이후 여우에게 사냥을 덜 당하다 보니 다시 토끼의 개체수가 늘어나는 현상을 볼 수 있다.

물론 실제 생태계는 이보다 더 복잡하다. 마찬가지로 우리 지구도 지구본보다 훨씬 복잡하다. 모델을 사용해 세상을 단순화된 방식으로 이해하려는 태도는 기본적으로 위험하다는 주장은 과학 전반, 특히 심리학에서 종종 거론된다. 연구 공동체가 이 위험을 자각하고 있음은 다음과 같은 인용문에서도 잘 나타난다.

"모든 모델은 틀리지만, 일부는 유용하다."

이는 지구본의 예에서도 볼 수 있다. 실제로 베를린은 평평한 빨간 원이 아니지만, 지구본을 통해 적어도 그 위치가 대충 어디인지 파악할 수는 있다.

과학적 모델은 내가 지금까지 '설명'이라고 부른 것과 매우 비슷하지만, 그렇다고 전적으로 같은 것은 아니다. 두 개념은 관찰과 측정, 가정을 바탕으로 한다는 점에서 공통된다. 그런데 설명은 오로지 하나의 역할만 하면 된다. 실명하는 것. 마법사가 어떻게 내 전화번호를 알았는지를 대답하는 것으로 설명은 그 역할을 다했다. 반면, 모델은 미래에 대해 어떤 예측을 할 수 있어야 하며, 이 예측에는 불확실성이 포함될 수 있다.

일상생활에서도 모델을 세우는 것이 도움이 된다. 낯선 사람을 만나기 전 긴장될 때나 직장 면접 또는 첫 데이트를 앞뒀을 때가 그렇다. 그럴 때, 상대에 대해 알고 있는 모든 정보를 사용한 다음,

그 외의 부분은 추측으로 채워보자. 이런 방식은 다소 불안을 줄이는 데 도움이 될 것이다.

그렇지만 이런 방식은 여우와 토끼의 예와 마찬가지로 어느 정도의 위험을 안고 있다. 모델이 너무 단순하거나 아예 실재와 틀리다면 어떻게 될까? 그런 경우에는 지체 없이 모델을 조정하거나 필요하다면 완전히 폐기해야 한다. 새로운 사실을 반영할 수 없는 모델을 고수하고자 하는 것은 누구에게나 깊숙이 내재한 욕구이지만, 동시에 매우 비과학적이다.

다시 스티븐 호킹으로 돌아가보자. 그는 물리학자 레너드 믈로디노프Leonard Mlodnow와 함께 '우리 모두는 다만 불완전한 관찰자일 뿐'이라는 세계관을 제시했다. 그들이 제안한 '모델 의존적 실재론'에 따르면 우리는 실제 '진리'를 인식할 수 없으며, 기껏해야 매우 실재에 가까운 모델을 인식할 수 있을 뿐이다. 이들은 좋은 모델이 가져야 할 네 가지 속성을 제시했다. 그중 두 가지는 앞에서 설명한 과학적 모델의 목표를 보면 잘 알 수 있다. 다시 말해, 좋은 모델은 기존의 모든 데이터를 설명할 수 있어야 하고, 모델을 반박할 수 있는 예측을 할 수 있어야 한다.

나머지 두 가지 특성은 다소 이상하게 들릴 수 있지만, 이것들은 물리학 모델에 대한 경험에서 직접적으로 비롯됐다. 첫째, 모델은 임의적이거나 변경 가능한 요소가 최소한이어야 한다. 이는 무엇보다도, 특정한 예외 규칙을 추가해서 억지로 모델을 끼워 맞추려는 것을 방지하기 위함이다. 그런 모델은 버리는 것이 마땅하다.

마지막 특성은 스티븐 호킹의 목록에서 가장 먼저 언급됐는데, 그것은 바로 모델이 우아함을 가져야 한다는 것이다.

이 점은 앞선 요구 사항과 함께 묶어서 생각할 수 있다. 즉, 모델이 작동하게 만들기 위해 불필요한 꼼수나 우회로를 도입하지 말아야 한다는 것이다. 특히 물리학에서는 우아한 모델들이 오히려 더 정확한 경우가 많다는 것이 여러 번 증명됐다. 비록 오스트리아 물리학자 루트비히 볼츠만Ludwig Boltzmann은 우아함은 구두 수선공이나 재단사에게 맡기는 게 낫다고 말했지만 말이다.

지금까지 소개된 모델 의존적 실재론은 그다지 혁명적으로 들리지 않을지도 모른다. 하지만 여기에서 핵심은 이 개념에서는 어떤 모델이 '옳은지', '참인지' 혹은 '현실을 반영하는지' 여부가 중요하지 않다는 것이다. 앞서 언급한 조건들을 만족하기만 한다면—즉, 관찰되는 것을 잘 설명할 수 있기만 하면—그 모델은 현실을 정확히 표현하는 것으로 받아들일 수 있다. 이 경우, 모델은 그 자체로 '현실'이다.

신경심리학자인 나에게는 이런 주장이 마치 영혼을 어루만지는 치유제처럼 들린다. 왜냐하면 우리의 뇌 또한 환경에 대한 모델을 구축하고, 그 모델이 우리 지각의 기초가 되기 때문이다. 예를 들어, 두 사람이 강도 사건과 같은 장면을 똑같이 목격했다고 하자. 두 사람의 감각은 거의 동일한 정보를 받아들인다. 하지만 이들이 보고 듣고 냄새 맡는 모든 것은 의식적으로 지각되고 처리되기 전에 먼저 뇌에서 해석된다. 그리고 이 책의 앞부분에서 설명한 이유로 해석 결과는 반드시 같을 필요가 없다. 아마도 두 사람이 사건에 대해 진술하는 내용은 약간, 어쩌면 상당히 다를 수 있다. 하지만 우리는 전통적으로, 여전히 어떤 객관적 현실이 존재하며, 관찰자들이 이 현실을 단지 불완전하게 혹은 왜곡해 기록해왔으리라고 가정해왔다. 모델 의존적 실재론은 이러한 생각을 포기한다. 이로써 양자역학의 측정과 아이디어가 항상 '객관적 현실'의 개념과 잘 어울리는 것은 아니라는 문제를 피해갈 수 있었다.

슬프지만 이제는 호킹 교수를 찾아가 '사실도 단지 의견일 뿐이다'라는 말에 동의하는지를 물어볼 수 없게 됐다(아마 그는 동의하지 않을 것 같다). 그런데 착각하지 말아야 할 점이 있다. 이 세상에는 분명히 의견과는 무관하게 존재하는, 확립된 사실들이 있다는 것이다. 모델 의존적 실재론은 우리가 마음에 들지 않는 어떤 것을 단지 '의견'이라며 무시할 수 있는 뒷문을 제공하지 않는다. 왜냐하면 대안 모델이라 할지라도 여전히 유효한 모든 데이터를 설명해야 하기 때문이다. 또한, 이 개념은 이념적 이유로 입증된 사실을 거부하는(이를테면 가짜 뉴스) 입장과도 다르다. 모델이라면 현실에 적응해야 하기 때문이다.

그러나 모델 의존적 실재론 개념은 우리에게 한 가지 깨우침을 준다. 모델에 대해 이야기하지 않고는 우리는 현실에 대해 이야기할 수 없다는 사실이다. 물리학자 닐스 보어Niels Bohr의 말을 떠올려보자.

"물리학이 자연이 무엇인지 탐구하는 분야라는 것은 착각입니다. 물리학은 자연에 대해 우리가 무엇을 말할 수 있는지에 관한 학문입니다."

물리학 및 심리학 연구자라면 이 말에 분명 동의할 것이다. 호킹은 이 개념에 대해 극단적으로 말한다.

"모델과 독립된 현실에 대한 고찰은 존재하지 않는다."

그렇다. 우리는 기대 없이 관찰할 수 없다.

강렬했던 그의 생애 말년에 스티븐 호킹이 이와 같은 개념을 제시한 것은 그저 우연이 아닐 수 있다. 모델 의존적 실재론은 내게 가능한 한 사실에 기반을 둔 일종의 절충 시도로 여겨진다. 하지만 좋은 모델에 요구되는 기준이 매우 높다는 사실을 우리는 잊어서는 안 된다. 당면한 범죄 사건에서 셜록 홈스가 생각해낸 여덟 가지 시나리오를 떠올려보자. 가설들의 격전 끝에 두 가지 시나리오만이 남았다고 가정해보자. 양쪽 모두 이용 가능한 모든 데이터를 똑같이 잘 설명한다. 또한, 두 모델 모두 같은 수준으로 우아함이 넘친다. 둘 다 검증 가능한 가정을 이끌어낼 수 있고, 그 가정들을 실험해본 결과가 모든 경우에 기존 모델과 잘 들어맞는다. 그럴 경우, 우리는 이 두 모델이 동등한 수준의 현실성을 가진다고 말할 수 있다.

검증 가능한 모든 사실이 확인됐고, 앞으로도 흥미로운 가설들을 이끌어낼 수 있는 강력한 모델이 존재한다면, 그때 비로소 과학의 본질적인 과업은 완료된다. 우리는 관찰했고, 측정했고, 실험했고, 해석했다. 이제 남은 일은 단 하나뿐이다. 하지만 불행히도, 그 일 역시 만만치 않게 어렵다.

제4부
친구에게 말 걸기

"우리가 두 개의 귀와 하나의 입을 가진 것은
바로 그 때문이다.
더 많이 듣고, 덜 말하기 위해서."

— 디오게네스 라에르티우스,
〈키티온의 제논 Zenon von Kition〉

우리는 서로를 이해하지 못한다

우리 모두가 각자 자신만의 현실을 이해하는 모델을 만든다는 사실은 사람들의 의사소통 문제에서 가장 잘 드러난다. 한번은 프레디와 함께 기차를 타고 프랑크푸르트로 가고 있었다. 그러다 어디 중간쯤에서 프레디가 휴대폰에서 눈을 떼고 나에게 물었다.

"지금 어디야?"

순간 장난기가 발동하기도 했고, 사실 정확한 답을 알 수 없기도 해서 나는 이렇게 대답했다.

"기차 안이지."

물론 그 답은 도움이 되지 않았다. "지구 위에 있어"라는 대답도 마찬가지였을 것이다. 하지만 엄밀히 말하자면, 문제는 질문이 충분히 구체적이지 않다는 것이었다. 프레디는 "지금 어느 마을 근처에 있는지 알아?"라든가 "우리가 지금 어느 구간에 와 있는 거지?"처럼 더 구체적인 질문을 던졌어야 했다. 물론 우리는 보통 그런 식으로는 대화하지 않는다. 우리의 의사소통 방식은 영화 장면보다는 훨씬 덜 구체적이며, 그래서 종종 해석의 여지를 남긴다.

프레디의 질문에 의미 있는 답을 하려면 그의 상황 모델에 대해 가정을 해야 한다. 나는 프레디가 자신이 어느 행성에 있고 어떤 교통수단을 타고 있는지 잘 알고 있다고 꽤 확실하게 가정한다. 따라서 그가 질문하는 내용은 다른 무엇인가에 관한 것이라고 본다. 하지만 그 순간, 나는 불가피하게 나 자신의 관점으로 되돌아간다. 나는 왜 그런 질문을 했으며, 내가 알고 있는 것은 친구의 그것과 어떻게 다른가?

다른 예를 들어보자. 내가 가져온 케이크로 어느 날 나는 친구들과 커피 타임을 즐기고 있었다(홈메이드 케이크는 아니고 빵집에서 사온 것이었다). 한 친구가 나를 보고 말한다.

"케이크가 정말 맛있어요."

나는 "다행이네요"라고 대답하고, 하던 말을 계속 이어가려고 한다. 그러자 그녀는 "아니, 진짜로요. 케이크가 정말, 너무 맛있었어요"라고 말한다. 그 순간 나는 살짝 당황한다. 그 친구는 왜 그렇게 케이크 맛을 강조했을까? 나는 그녀의 입장에서 생각해보기로 한다. 친구는 그 말을 통해 무엇을 얻고 싶은 것일까? 나는 그녀가 케이크를 한쪽 더 먹고는 싶지만, 자신이 식탐이 너무 많은 사람으로 보일까 봐 걱정한다는 것을 알아챈다. 그래서 그녀에게 케이크를 한 조각 더 잘라주고, 친구는 흔쾌히 그걸 받아들였다.

우리는 다른 사람과 대화할 때 항상 모든 정보를 드러내지는 않는다. 때로는 사실을 간략하게 표현해 틈이 생기게 되거나(기차에서의 프레디처럼) 혹은 우리가 전달하고자 하는 다른 내용이나 추가적인 내용이 수신자에게 제대로 전달되지 않는 경우가 생긴다(케이크에 관해 이야기하던 친구의 예처럼). 두 경우 모두, 우리는 상대방의 내면세계를 들여다봐야 한다. 앞의 두 예에서는 내가 듣는 사람이거나 받아들이는 사람이었지만, 메시지를 보낼 때도 마찬가지다. 내가 나를 명확하게 표현하기 위해서는 먼저 수신자가 무엇을 이해하는지 알아야 한다. 이는 대화에 사용되는 언어뿐 아니라, 주제와 관련된 사전 정보에도 해당된다.

문제는 상대방의 입장에서 사물을 보는 것이 쉽지 않은 데다 정신적으로도 많은 노력이 필요하다는 것이다. 한번은 이발소에 앉아 있었는데 이발사가 뜬금없이 나에게 질문을 던졌다.

"그런데 대체 앙겔라에게 무슨 일이 있었나요?"

그 질문에 나는 몇 블록 떨어진 사무실에서 일하는, 나의 친구 앙겔라의 안부를 전해주었다.

"잘 지내고 있죠. 둘째 아이를 얼마 전에 낳았고 모두 무사해요."

이발사는 내 친구 앙겔라에 대해 전혀 몰랐으므로 당황한 표정을 지었다. 사실 그가 앙겔라를 안다고 생각한 것은 그들이 서로 이웃이라는 사실에 근거한 나의 짐작에서 비롯된 착각이었다. 이발사는 내 친구를 전혀 알지 못했다. 그가 언급한 앙겔라는 당시 독일

총리였고, 단지 정치에 대해 나와 얘기를 하고 싶었을 뿐이었다.

  그야말로 무의식적으로 머릿속에서 확률을 따지다가 잘못된 결론에 도달한 상황이라 할 수 있었다. 이런 일은 자주 발생한다. 누군가 "어떻게 지내세요?"라고 물으면, 우리는 그 사람이 의미하는 시간대나 경험의 범위에 대해 추론한다. 예컨대, 최근에 아팠는지, 오늘이 특별한 날인지, 물어보는 사람을 얼마나 오랫동안 보지 못했는지 등을 고려한 답을 찾는다. 이러한 관점에서 볼 때, 우리가 끊임없이 설명을 요구하지 않고도 서로를 이해한다는 것은 사실 기적에 가깝다. 따라서 우리의 문제는 서로를 이해하지 못한다는 것이다.

  이러한 복잡성 때문에 아이들은 이런 방식의 소통방식을 매우 어려워한다. 예를 들어, 어린아이에게 방금 본 인형극에 대해 이야기해보라고 하면, 대체로 아이는 이야기에서 인상 깊었던 부분만 얘기한다.

  "시장님이 보물을 찾는 걸 도와주다니 굉장히 멋졌어요!"

  자신이 대화하는 상대방이 어떤 배경지식을 가지고 있는지 아이가 알 턱이 있겠는가? 어쩌면 대체로 왕자님은 좋은 사람이고, 용은 나쁜 동물이며, 해적은 양쪽 다에 해당하는 인물인 경우가 많다는 것을 아이는 알게 됐을 수 있다. 또한 어른들과의 상호작용을 통해 세상에서는 일반적으로 인물들이 이와 같은 범주로 나누어진다는 것을 배웠을 수도 있다. 따라서 대체로 악당에 가깝게 묘사돼 온 시장이라는 인물의 반전이 아이에게 놀라움으로 다가올 수 있다는 것이 그리 불가능한 일로 느껴지지는 않을 수 있다.

어린아이들은 어떤 시점에 공감 능력이 생기기 전까지는 종종 타인의 관점과 요구를 신경 쓰지 않는, 작고 이기적인 존재로 여겨진다. 하지만 이는 사실 어린아이들이 일상생활에서 보여주는 사랑과 연민의 모습과는 모순된다. 특정 상황에서 다른 사람의 관점을 채택하는 것은 생각보다 더 복잡한 과정이다. 따라서 이를 좀 더 확실하게 탐구할 필요가 있다.

이와 관련된 연구들도 있다. 가령, 아이들이 여러 개의 물건이 놓인 테이블을 앞에 두고 앉아 있는데, 그중에는 크기가 다른 장난감 트럭들이 있다. 한 어른이 이들 맞은편에 앉아 지시를 내렸다. 지시 중 하나는 "작은 트럭을 옮겨봐"였는데, 여기에서 중요한 점은 제일 작은 트럭이 나뭇조각 뒤에 놓여 있었다는 것이다. 아이 입장에서 보면, 어른은 이 조그만 트럭을 절대 볼 수 없다. 따라서 아이가 어떤 트럭을 선택할지는 이 아이들이 타인의 관점을 고려할지 여부에 달려 있다. 예상대로, 아이들은 종종 (어른들은 볼 수 없는) 가장 작은 트럭을 선택했으며, 이는 실험의 목석상 오류로 간주됐다. 이러한 오류는 아이가 어리면 어릴수록 더 자주 발생했으며, 평균적으로 약 절반 정도의 사례에서 발생했다.

하지만 그것이 전부는 아니었다. 성인 피험자를 대상으로도 동일한 실험을 수행했으며, 그들의 시선 역시 관찰됐다. 이 실험에서 연구진이 던진 질문은 "성인이 돼서도 자신의 관점이 우선시되고 다른 사람의 관점은 그 다음에 고려되는가?"였다. 결과는 바로 그 점을 암시한다. 성인은 어린아이보다 속도가 빠르고 실수를 덜 하지만, 트럭이 가려져 있을 때는 반응 시간이 눈에 띄게 길어졌다. 처음에 트럭을 잘못 보았을 경우, 성인이 실수를 수정하는 확률은 약 절반이었지만, 어린이가 실수를 바로잡는 확률은 약 5분의 1에 불과했다.

그런데 반응 시간과 시선만으로는 결론을 내릴 수 없다. 만약 정말로 과제를 올바르게 수행하는 것과 정신적 노력 사이에 관계가 있다면, 이는 다른 방식으로도 입증돼야 한다. 예를 들어, 과제 수행 중에 사람들이 더 이상 노력할 수 없을 정도로 주의를 산만하게 하는 등과 같은 방식이 필요한 것이다. 실제로 더 짧거나 긴 일련의 숫자를 동시에 기억하라는 요청을 받았을 때도 이러한 결과가 나타났다.

비슷한 실험에서 사람들이 대화를 할 때 굳이 대놓고 언급하지 않고도 특정 용어를 얼마나 공통으로 사용하는지를 확인해보기로 했다. 여러 가지 물체를 거론하면서, 실험 참가자는 처음에는 '반짝이는 원통'이라고 불렀다가 나중에는 '은색 튜브'라고 불렀다. 이는 혼란을 일으켰고, 상대방이 지연된 반응을 보임으로써 혼란이 입증됐다. 그런데 이와 같은 지연된 반응은 아무 이유 없이 용어가 바뀐 경우에만 발생했다. 또 다른 경우에서는 첫 번째 사람이 떠나고 두 번째 사람이 왔는데, 한 사람은 어떤 물체를 '반짝이는 원기둥'이라고 부르고 다른 사람은 '은색 튜브'라고 불렀다. 이 경우, 즉 두 사람이 각각의 용어를 일관되게 사용한다면, 서로 다른 용어를 접하게 되더라도 혼란은 발생하지 않았다. 이는 우리가 어떤 사람이 어떤 물체에 대해 어떤 용어를 사용하는지 기억하고, 그 용어가 특별한 이유 없이 바뀌지 않으리라고 가정함을 보여준다. 여기에서 중요한 것은 다른 사람의 입장이 돼 생각해보는 것이다. 왜 다른 용어가 사용됐는가? 그리고 어떤 상황에서 그 용어를 바꿀 것인가?

다른 사람과 마찬가지로 나도 일상생활에서 접하는 이런저런 일에 휘둘리며, 종종 심리학 공부가 별로 도움이 되지 않는다고 느낀다. 그래서 때로 일반적으로 실체적인 '것'에 의지하고 사람들이 나를 이해해주길 바랄 뿐이다. 하지만 이것 하나는 꾸준히 실천하고 받아들이려 노력한다. 특정 용어가 대화에 사용될 때 그것을 내 마음대로 바꾸려 하지 않는 것이다. 예를 들어, 누군가가 '개에 대한 불안증'이 있다고 말하면, 그것을 개에 대한 공포나 개에 대한 신경증이나 개에 대해 느끼는 초조함이 아니라, 바로 그 사람이 말한 대로 '불안'이라고 정확히 표현하는 것이다. 다소 모호한 이 용어가 어느 정도의 상태를 의미하는지, 즉 그것이 심각한 두려움인지, 아니면 개에 대한 약간의 불안인지 여부는 그 사람의 머리를 들여다볼 수 없기 때문에 단박에 판단할 수 없다. 그러므로 양측이 표현해야 하는 내용에 정확히 동의할 때까지 상대방의 용어를 계속 사용하는 것이 바람직하다고 느낀다.

어떤 방식으로 보든, 우리가 일상에서 사용하는 전략이 무엇이든 간에 이것 하나는 확실하다. 우리의 언어는 모호하고, 우리가 말하는 것은 내면세계와 경험에 따라 결정된다는 것이다. 따라서 명확하게 말하고 주의 깊게 듣기는 모두 상대방의 관점을 이해하기 위해 정신적인 에너지를 투자하는 행위다. 이것이 제대로 이루어지지 않거나, 너무 바빠서 주의를 기울이지 못한다면, 상대의 말뜻을 정확하게 이해하기가 어려워진다. 그러다 보니 반응 시간이 늘어지거나 다음 질문으로 이어지지 않고 끝나는 경우가 많다. 사실 우리 일상에서 모든 것이 무리 없이 이해될 수 있도록 반드시 정확한 표현만 사용해야 하는 경우는 드물다.

그러나 이 원칙이 사실의 세부 사항과 연관된다면, 그 중요성은 커진다. 과학에서는 가능한 구체적인 용어와 공식을 선택해 모호함이나 혼란의 여지를 없앰으로써 이 문제를 해결한다. 과학적 사실을 올바르게 평가하기 위해서는 자세히 살펴볼 필요가 있다.

우리는 연구 자료를 읽는 방법을 모른다

지금까지 설명한 대부분의 문제는 인간의 심리나 과학 작업의 원칙에서 비롯된다. 그러나 곧 다룰 문제는 또 다른 범주에 속한다. 그 이유는 간단하다. 과학 교육을 받는 것이 아니라면, 우리가 굳이 그것을 알아야 할 필요가 없기 때문이다. 한편으로 학술 논문은 전문가들을 위한 것이므로 우리가 그것을 모른다고 해도 괜찮다. 모든 사람이 건축 도면이나 교향곡 악보를 읽는 법을 배우지 않아도 괜찮은 것과 같다. 꼭 필요하지 않다면 배울 이유도 없지 않은가. 하지만 우리는 사실과 의견을 구분하는 것이 점점 더 중요한 세상에 살고 있다. 건축 도면이나 악보 읽기는 전문가에게 맡기더라도, 때때로 원본 출판물을 살펴보며 인터넷에 있는 내용이 정말로 맞는지 확인하는 것도 괜찮은 방법일 것이다. 또한 '학문의 상아탑'을 좀 더 투명하게 만들고 싶다면, 학술 출판물을 좀 더 읽기 쉽게 쓰는 것도 바람직한 일이라고 생각된다.

그러므로 과학계에서는 가독성을 위해 더 큰 노력을 기울여야 할 것이다. 과학 교육을 전문적으로 받지 못한 사람들은 학술 출판물의 세계에서 길잡이 역할을 해주는 도구에 대해 알지 못한다. 따라서 다음 장에서 나는 연구 보고서의 신뢰성을 기본적으로 확인하는 데 필요한 모든 것을 살펴보고자 한다. 하나씩 처음부터 끝까지 살펴보자.

극단적으로 간략하게 설명하자면, 학술 논문의 구조는 관찰, 가설, 해석으로 이어지는 이 책의 구조와 비슷하다. 우선 이런 논문은 전체 논문을 간략하게 요약한 초록Abstract으로 시작된다. 연구 보고서는 모험 소설이 아니기 때문에 스포일러에 대한 경고 없이도 즉각적으로 반전이 발생할 수 있다. 예상한 결과가 나왔는가? 나오지 않았다면 그 이유는 무엇인가? 좋은 논문이라면 초록에서 바로 이 정보들을 알 수 있다. 어떤 논문에서는 제목에서 바로 결과를 확인할 수도 있다. 잘 구성된 제목은 핵심 결과만으로 구성돼 있으므로 논문이 연구 작업과 관련이 있는지를 곧바로 드러낸다. (부끄럽지만, 연구 경력 대부분의 기간 동안 나는 이 점을 명확히 알지 못했고, 그 결과 내 논문 제목들이 대부분 부실하게 지어졌음을 인정해야겠다.)

다음 부분은 서론이다. 서론의 목적은 무엇보다 연구를 수행한 이유를 설명하는 것이다. 이를 위해 해당 연구 분야의 기존 합의를 설명하고, 좋은 논문이라면 마지막에 연구에서 검증하려는 가설을 제시해야 한다. 언뜻 보기에 이 부분은 그다지 중요하지 않다고 여겨질 수 있다. 연구가 올바르게 수행됐고 결과가 명확하다면, 굳이 왜 근본적인 이유에 관심을 가져야 하겠는가?

그러나 지금 우리가 논의하고자 하는 것은 논문의 신뢰성을 평가하는 방법에 관한 것이다. 연구의 맥락은 그 일부이기 때문에 서론은 근본적으로 중요할 수밖에 없다. 강력한 가설은 이전에 알려진 것, 즉 이전의 관찰이나 실험에서 비롯된다. 우리가 지금까지 논의한 가장 좋은 사례는 일식을 향한 우주선 항해였다. 가장 부정적인 사례는 화성에서 온 암석이라고 할 수 있는데, 적절한 맥락이 전혀 없었기 때문에 특히 인상적이었다. 서론 부분을 평가하는 경험 법칙은 이전 연구의 가정이 명확하게 전개된 연구가 신뢰성이 높다는 것이다.

다음 부분은 내가 가장 좋아하는 부분인 방법론이다. 과학자들에게 이것은 논문의 핵심이다. 연구를 수행하고 결과를 계산하는 데 사용된 방법은 무엇이며, 왜 정확히 이러한 방법들이 선택됐는가? 실험 설계와 결과를 찾고 설명하는 데 사용된 통계적 방법이 여기에 포함된다. 인간을 대상으로 한 실험의 경우, 왜 다른 대상이 아닌 특정 대상을 선택했는지에 대한 이유도 여기에서 설명돼야 한다. 결과에 영향을 미칠 수 있는 모든 특성도 설명 속에 포함된다. 여기에는 보통 나이와 성별이 포함되지만, 때로는 일반인이 예상하지 못할 만한 요소들도 들어간다. 나의 분야이기도 한 기능적 자기공명영상fMRI의 경우, 왼손잡이 사람이 연구 대상에 자주 포함된다. 이는 뇌의 특정 영역, 가령 언어를 담당하는 영역이 왼손잡이냐 오른손잡이냐에 따라 다르게 조직되기 때문이다.

여기에서 매우 중요한 점은 실험 대상의 수다. 이것은 방법론 부분이나 대개는 초록에도 언급된다. 일반적인 경험 법칙의 관점으로 보면, 참여한 사람이 많을수록 연구의 신뢰도는 올라간다. 하지만 이 점을 좀 더 면밀히 생각해보면 한계가 금방 드러난다. 예를 들어, 새로 발견된 질병의 경우처럼 실험 참가자가 적을 수밖에 없지만, 매우 중요한 연구들이 있다. 다른 한편으로는 조사 대상인 표본이 실제로 진술하고자 하는 집단을 대표할 수 있는지를 아는 것이 훨씬 더 중요한 연구도 있다. 나는 앞서 대표적인 표본을 확보하는 가장 좋은 방법은 가능한 많은 수의 무작위 표본을 선택하는 것이라고 말한 바 있다. 이는 연구를 통해 전체 집단에 대해 진술하려는 경우에는 일반적으로 맞는 말이다. 그러나 그룹에 속한 사람의 수는 놀랍게도 전체 인구수가 아니라 연구 대상에 따라 달라진다.

'머리에 털이 있는 사람이 몇 명인가'라는 단순한 질문에 '예/아니요'로 답하는 연구를 수행하고 있다고 상상해보자. 아마도 조사 대상은 100명이나 200명 정도일 것이다. 어느 순간에는 '대머리'의 비율이 약 10퍼센트 정도 된다는 것을 알게 된다. 이 숫자는 얼마나 많은 사람을 조사하든 크게 변하지 않는다. 연구에 참가한 사람이 5,000명이라도 200명으로 진행한 연구보다 더 신뢰할 수 있는 것은 아니다. 사실 인구가 8,000만 명이든 2,000억 명이든 상관없다는 것은 상당히 난감한 지점이다. 이 경우, 표본의 범위는 결과에 아무 영향을 미치지 않는다. 대신 이 규모는 인구에 상당히 많이 존재하는 매우 단순한 특성(예/아니요)을 조사한다는 사실, 즉 모든 사람이 대머리인 사람을 알고 있다는 사실에 따라 결정된다. 그런데 연구의 신뢰성을 확인하기 위해서는 다음과 같은 사항을 전략으로 삼아야 한다.

첫째, 표본이 인위적으로 제한됐는지 확인하라. 예를 들어, 모든 사람의 진술을 필요로 하는 연구에서 연구 대상이 남성이나 학생만으로 한정되지 않았는지를 확인한다. 둘째, 표본의 크기가 특성에 비례하는지 확인하라. 즉, 더 복잡하거나 희귀한 특성을 조사하기 위해서는 더 많은 연구 참가자가 필요하다.[22]

마지막으로 표본에 관해 너무나 당연하지만 놀라울 정도로 자주 (특히 언론에서) 간과되는 부분이 있다. 사람에 대해 무언가를 말하고자 하는 연구는, 가능하다면 사람을 대상으로 수행돼야 한다는 것이다. 당연한 말임에도 불구하고, 종종 쥐나 다른 설치류를 대상으로 얻은 결과가 사람에게도 똑같이 적용되는 것처럼 보고되고 있다. 예를 들어, 아스파탐이라는 인공 감미료는 고용량을 사용할 경우, 발암 효과를 일으킬 수 있다는 이야기를 늘어보았을 것이다. 그런데 이 가정은 대부분 동물실험에서 비롯된 것이며 건강한 인간을 대상으로 한 현재까지의 연구에 따르면, 결과가 입증된 바는 없다. 약물이나 치료법에 대한 연구도 마찬가지다. 어떤 연구에서는 동물에게 효과가 있다고 잘 알려진 약물들 중 단지 3분의 1 정도만 인간에게도 효과가 있음이 밝혀졌다. 한 암 연구자는 이에 대해 다음과 같이 냉소적으로 표현한 적이 있다.

"당신이 암에 걸린 쥐라면, 우리가 확실히 치료해줄 수 있습니다."

물론 동물실험의 유용성을 깎아내리고자 하는 것은 아니다. 동물실험은 전반적으로 훨씬 더 포괄적인 문제이기 때문이다. 하지만 연구 결과의 신뢰성과 관련해 동물실험 결과가 마치 인간에게도 똑같이 적용되는 양 보도하는 것은 무책임하다고 생각된다.

이것으로 표본이라는 주제를 마무리하겠다. 전반적으로 방법론에서 세부적으로 요구되는 것은 누구나 동일한 연구를 다시 수행할 수 있을 정도는 돼야 한다는 것이다. 즉, 연구의 재현이 가능해야 한다. 일반인들이 이해하기 어려운 기술적 약어들이 이때 종종 사용되기도 하는데, 이는 최소한의 내용으로 최대한 정확하게 기술하려는 목적을 바탕으로 이루어지는 것으로, 어느 정도의 과학 교육이 요구된다. 더 나쁜 경우는, 상세한 설명 대신 이전 논문들을 참조하라고만 저자가 안내하는 경우다. 이 경우에는 먼저 그 논문들을 읽어야 하므로 더욱 많은 전문 지식이 요구될 수밖에 없다. (주의 사항: 최근의 이상한 경향 중 하나로, 논문의 마지막에 방법론을 넣는 경우가 간혹 있다. 그런 경우에는 내용은 동일하더라도 여기에 언급된 순서와 다를 수 있다.)

그 다음은 아마 가장 많이 강조되는 부분인데, 바로 결과다. 내 관점에서 보자면, 이 부분이 매우 짧은 논문일수록 잘 쓰인 논문이라고 할 수 있다. 가설과 방법이 명확하다면, 결과는 "네, 입증됐습니다" 또는 "아니요, 아무런 결과도 얻을 수 없었습니다"라고 단순하게 정리할 수 있기 때문이다. 결과를 가장 빠르게 이해하려면 도표부터 보는 것이 좋다. 도표의 목적은 핵심 결과를 최대한 쉽게 전달하는 것이며, 도표의 설명만으로도 그 의미를 완전히 파악할 수 있다. 또한 본문에서 종종 무시되는 통계적인 불확실성도 도표를 통해 더 쉽게 파악할 수 있다. 예를 들어, 통계적 이상 수치(가령, 앞에서 예시로 들었던, 독일 축구 대표팀 감독처럼 수입이 평균치를 능가하는 사람들)가 있었는지도 도표를 보면 알 수 있다.

마지막으로 중요한 부분은 논의다. 여기에서는 결과를 다시 설명하고, 그것이 어떤 의미를 가지는지, 무엇이 예상 밖이었는지 그리고 이를 바탕으로 앞으로 무엇을 더 연구해야 할지를 다룬다. 연구의 신뢰성을 논할 때 가장 중요한 논의 중 하나는 바로 한계 부분이다. 여기에서는 연구에서 잘못되거나 간과된 점 혹은 논문의 주장에 의문을 제기할 수 있는 요소들이 언급된다. 그런데 직관과는 상반된, 경험에 근거한 나의 생각을 말하자면 '한계'에 대한 내용이 많을수록, 그 논문은 신뢰할 만하다. 연구자가 자신의 연구 내용을 진지하게 검토하면서, 반론의 가능성을 인지하고, 그 문제를 어떻게 해결하려 했는지를 '한계' 부분을 통해 설명하고 있기 때문이다. 반대로, 한계에 대한 언급이 전혀 없는 논문은 의심스러울 수 있다. 이는 마치 모든 방법이 처음부터 완벽하게 잘 맞아떨어졌고, 아무 문제없이 연구가 수행됐다는 말처럼 들리기 때문이다. 물론 이론적으로는 가능하겠지만, 실제로는 그만큼 한계를 충분히 고려하지 않았을 가능성이 더 크다.

논문의 마지막에는 종종 결론 형태의 요약이 들어간다. 때때로 이 부분은 논문 전체에서 가장 통찰력 있는 부분이 되기도 하는데, 지금까지 읽은 내용을 능숙하게 요약해주기 때문이다. 하지만 때로는, 무엇을 더 말해야 할지 몰라서 그런지 초록의 내용을 그대로 반복하는 경우도 있다.

그리고 마침내, 연구 보고서의 맨 마지막에 참고 문헌 또는 출처 목록이 등장한다. 이 부분은 내용적으로 논문에 어떤 방식으로든 기여한 모든 자료들이 포함된다. 논문에 영감을 주었거나, 방법론의 틀을 제공했거나 혹은 맥락을 설명하는 데 도움이 됐던 자료들을 모두 포함해야 하며, 가능한 꼼꼼하게 작성이 이루어져야 한다. 따라서 하나의 주장이나 아주 미묘한 방법론적 요소 하나에도 5~10개의 출처가 인용되는 것은 전혀 드문 일이 아니다. 내가 앞에서 예전에 시체 애호증에 관한 책에 글을 기고했다고 언급한 것을 기억하는가? 그 주제는 지금까지 연구된 적이 없어 관련 문헌을 사실상 찾기 어려웠다. 그럼에도 불구하고 그 글에는 50개가 넘는 출처가 포함돼 있다. 나는 참고 문헌이 길수록 연구자의 성실함을 나타내는 신호이며, 따라서 신뢰를 줄 수 있는 요소라고 생각한다. 물론 참고 문헌을 인위적으로 부풀려서 자신을 더 돋보이게 하려는 경우도 있다. 하지만 독자가 이에 속지만 않는다면, 나는 이 원칙을 지지하고 싶다.

참고 문헌은 독자가 해당 자료를 직접 찾아볼 수 있을 정도로 구체적으로 기술돼야 한다. 이 책의 맨 끝을 보면, 내가 연구자 시절부터 사용해 온 방식으로 서식을 맞춘 목록이 있다. 이를 통해 원하는 자료를 온라인에서 빠르고 쉽게 찾을 수 있을 것이다(물론 해당 자료를 실제로 열람할 수 있는지는 또 다른 문제다. 이 부분은 나중에 다루겠다).

지금까지 논문의 구성 전체를 살펴보았는데, 이것으로 여러분은 논문의 신뢰성을 대략적으로 판단할 수 있는 가장 중요한 요소들을 짚어본 셈이다.

논문의 구조와는 별개로, 논문의 신뢰성을 판단하는 데 도움이 되는 또 하나의 신호가 있다. 앞서 언급한 몇 가지 빨간 신호등과 대조되는 초록 신호등이라 말할 수 있는 이 신호는 사전 등록이다. 어떤 연구가 사전 등록이 됐을 경우, 그 사실이 제목이나 초록에 명시된다. 다시 말해, 이는 연구가 실행되기 전에 연구 방법이 학술지에 등록됐으며 사전에 검토됐다는 뜻이다. 연구자들은 자발적으로 특정한 절차를 따르겠다고 약속하며, 특별한 이유 없이 그 절차를 변경할 수 없다. 그 대가로, 학술지는 연구 결과가 유의미하든 그렇지 않든 간에 상관없이 논문을 게재하기로 약속한다. 얼핏 다소 이상하게 들릴 수 있지만, 이는 연구자들이 연구가 끝난 후 결과를 조작하거나 추가하지 못하도록 막는, 매우 타당한 방식이라 할 수 있다.

예를 들어, 내가 수행한 한 연구에서 데이터에 있기는 했으나 내가 의도하지는 않았던 의외의 부작용이 나타난 적이 있다. 원하기만 한다면(그리고 동료 연구자들과 공동 저자들이 동의했다면), 나는 이 부작용을 마치 처음부터 의도해서 얻은 주요 결과인 양 주장할 수도 있었을 것이다. 그렇게 해서 더 흥미로운 논문이 태어났을 수도 있다. 그러나 이 전략은 연구 과정에서 엄격하게 통제하고 관찰한 것이 아니기 때문에 거짓일 위험이 있다. 이에 대해 나는 흥미로운 부수적 발견이지만, 추후 연구에서 다시 확인하는 것이 좋겠다고 결과를 있는 그대로 보고했다. 사전 등록된 연구에서는 저자의 학문적 정직성에만 의존할 필요가 없다. 왜냐하면 그런 방식의 변경 자체가 허용되지 않기 때문이다. 그렇기 때문에 사전 등록된 연구는 비사전 등록 연구보다 더 신뢰할 만하다고 할 수 있다.

연구 보고서에 명시된 사실만 맹신하지 말고, 용기를 내서 그 근원을 탐색해보자. 하지만 여전히 우리의 길을 막는 큰 장애물이 하나 있다. 이 장애물은 마치 방 안의 코끼리처럼 너무도 크고 명백하지만, 아무도 이야기하려 하지 않는 것이다. 하지만 이는 우리가 과학을 얼마나 신뢰할 수 있는지를 판단하는 데 근본적으로 중요하다. 그러니 다 같이 소매를 걷고 이 문제를 들여다보자.

우리는 가짜 연구에 속는다

　이 책의 시작 부분에서 나는 정치계의 가짜 뉴스 개념에 대한 이야기를 했다. 그렇다. 과학계에도 가짜 뉴스가 존재한다. 가짜 논문, 가짜 저널, 심지어 본격적인 가짜 과학 출판사까지 있다. 매우 유감스럽게도, 학계 밖에서는 이 문제에 대해 아무도 이야기하지 않는 듯하다. 심각한 문제가 아닐 수 없다. 몇 년 전부터 진지한 과학처럼 보이지만, 몽땅 지어냈거나 최소한 전혀 검증되지 않고 출판된 논문들이 쏟아지고 있다. 외부인들에게는 대체로 진짜처럼 보이지만, 현재 학계에는 이를 막을 수 있는 실제적인 방법이 없다는 점이 문제다.

　그나마 다행인 것은 사실을 찾는 과정에서 가짜 과학을 피하기 위한 몇 가지 경고 신호가 있다는 점이다. 이를 위해서는 과학 출판 과정에서 발생하는 불편한 부분에 대해 이야기할 수밖에 없다. 이 부분을 읽고 나면, 현행 학술 출판의 문제점에 대해 일부 교수들보다 더 많이 알게 될 것이다.

몇 년 전만 해도, 새로운 연구는 해당 분야의 과학 학술지에 제출됐다. 저널에서 다루는 영역은 그 범위가 각각 다르다. 가장 넓은 분야를 다루는 학술지는 《사이언스》나 《네이처》와 같은 일반적인 이름을 가지고 있으며, 때때로 《셀Cell》이나 《패인Pain》과 같은 이름의 학술지도 있다. 반면, 더 좁은 분야를 다루는 학술지도 있다. 예를 들어, 《국제 하지장애 저널International Journal of Lower Extremity Wounds》과 같은 매체는 특정한 분야에만 집중한다. 이 학술지의 이름은 내가 지은 것이 아니지만, 나는 첫 논문을 그곳에 발표했다(다리의 환상통에 대한 논문이었다). 전문적인 출판사는 보통 여러 개의 학술지를 운영한다.

학술지의 역할은 제출된 논문의 품질을 검토하는 작업을 꾸리는 것이다. 일반적으로 이 과정은 다음과 같이 진행된다. 한 명의 편집자가 원고를 검토하는 책임을 지고, 해당 분야의 전문가 두세 명을 선정해 그들에게 논문을 보내 자세한 평가를 요청한다. 검토자들은 관련 분야의 전문가들로 최대한 독립적인 평가를 위해 대개 익명으로 그리고 보수를 받지 않고 평가서를 제출한다. 이들은 출판사 소속이 아니기 때문에, 논문 내용의 품질과 관련된 모든 과정은 출판사가 아닌 과학 공동체 내에서 이루어진다. 편집자는 검토된 내용을 바탕으로 논문을 어떻게 처리할지 결정한다. 논문 게재를 수락하거나, 거부하거나, 수정 요청과 함께 저자에게 반송하기도 한다. 만약 심사보고서 내용 사이에 모순이 있거나, 검토자가 부당한 판단을 내린 경우에는, 이를 인식하고 해결해야 할 책임이 편집자에게 있다.

독자 여러분은 왜 검토자가 부당한 판단을 내릴까 의구심을 품을 수도 있을 것이다. 어떤 연구 분야는 규모가 작아서 전문가들끼리 서로 잘 아는 경우가 많다. 그렇다고 이들 사이가 항상 좋은 것만은 아니다. 따라서 '동료 평가$^{Peer\ Review}$'라고 불리는 이 과정은 때때로 누군가에게 익명으로 불이익을 줄 기회가 되기도 한다. 하지만 이를 방지할 수 있는 방법도 있다. 예를 들어, 저자에게 해당 분야에서 갈등이 있는 사람을 미리 밝히게 하거나, 부당한 심사자들을 일종의 블랙리스트에 올리는 방식이다.

연구자로서 나는 이 과정에서 저자, 검토자, 편집자와 같은 모든 역할을 경험해보았다. 여기에서 확실히 말할 수 있는 것은, 동료 평가 과정은 과학 연구 과정 자체와 매우 비슷하다는 점이다. 결점도 있고, 종종 느리고 매끄럽지 않지만, 대체로 생산적인 결과로 이어진다. 무엇보다도, 단점에도 불구하고 동료 평가는 과학적 주장을 평가할 수 있는 가장 신뢰할 수 있는 방법이라는 것이다.

따라서 학술지와 출판사는 과학에서 근본적으로 중요한 역할을 한다. 그리고 이들은 보통 대학이나 연구 기관으로부터 구독료 형식으로 비용을 지불받는다. 연구 그룹이나 기관과 관련된 학술지들을 구독해 소속 연구자들과 학생들이 이를 이용할 수 있도록 제공하는 방식이다. 이 시스템은 꽤 잘 작동되고 있지만, 두 가지 큰 문제가 있다.

첫째, 명백한 독점 구조다. 대학들은 출판사에 의존할 수밖에 없기 때문에 출판사는 사실상 원하는 만큼 구독료를 청구할 수 있다. 게다가 출판사는 검토자에게 보수를 지급하지도 않고, 연구 자체에 자금을 대는 것도 아니라서 이들이 누리는 이윤은 다른 산업에서는 상상도 못할 정도다. 이러한 구조에 대해 이미 다양한 항의가 이어졌다. 예를 들어, 2023년에는 학술지 《뉴로이미지 NeuroImage》의 모든 편집자가 출판사의 수익 모델에 항의하며 집단 사퇴한 사건이 있었다. 그 학술지에는 몇 년 전 내가 매우 좋아한 논문이 실린 적이 있었으므로 나 역시 개인적으로 큰 충격을 받았다.

이것만으로도 큰 문제이지만, 앞서 언급한 두 가지 문제 중 '가짜 과학'과 연결되는 것은 두 번째 문제다. 다른 모든 잡지 구독과 마찬가지로, 인터넷은 이 구조에 커다란 변화를 불러왔다. 이제 아무도 새로 출판된 논문의 종이 버전을 기다리지 않는다. PDF 파일을 훨씬 빠르게 다운로드할 수 있기 때문이다. 동시에 논문이 대학 도서관에 보관되는 대신, 누구나 인터넷에 접속하면 PDF 파일을 자유롭게 이용할 수 있게 되면서 과학의 민주화에 대한 희망이 생겨났다. 이런 환경에서 오픈 액세스Open Access 운동이 시작됐다. 이 운동은 과학적 결과물을 모두에게 공개하자는 취지에서 일어났다. 과학 연구의 상당 부분이 공공 자금으로 지원되므로 그 결실을 대중이 직접 이용할 수 있어야 한다는 것이 이 운동의 강력한 주장 중 하나다.

　이러한 아이디어는 물론 기존의 구독 시스템을 깨뜨리는 것이기 때문에, 그렇다면 누가 언제 논문 출판 비용을 부담할 것인가 하는 질문이 생긴다. 한 가지 아이디어는 다른 온라인 학술지에서 흔히 그런 것처럼 논문을 유료 구독의 형태로 뒤에 숨겨놓는 것이다. 하지만 더 나은 그리고 더 개방적인 아이디어는 바로 '출판 수수료'라는 개념이다. 논문이 게재 승인을 받는 시점에 저자가 출판 수수료를 지불하는 모델이다. 이렇게 게재된 논문은 저널의 웹 사이트에 무료로 공개된다. 이 방식의 장점 중 하나는, 이러한 수수료가 연구 운영비에 포함될 수 있다는 점이다. 다른 연구 비용처럼 연구실의 운영 예산에서 처리할 수 있는 것이다. 이렇게 해서, 인터넷의 도움으로 시스템은 더 간단하고 개방적으로 바뀌어가는 추세다. 하지만 여전히 독점 문제는 존재한다. 출판 수수료 역시 출판사들이 정하기 때문이다.

　경제적·자본주의적 관점에서 방금 읽은 내용을 바라본다면, 함정이 도사리고 있음을 누구라도 간파할 것이다. 이를 이해하기 위해서는 과학 출판사의 입장에서 생각해보는 것이 가장 좋다. 전통적인 모델에서는 출판사인 나에게 논문이 제출되고, 내가 게재를 결정한 논문들은 종이 버전의 학술지로 엮여 구독 기관에 발송된다. 이 상황에서는 한 편의 논문이 더 실리든 덜 실리든, 구독자들로부터 받는 금액이 동일하다. 오히려 논문을 더 많이 받아들일수록 인쇄비와 종이값이 더 들기 때문에, 내 입장에서는 손해다. 하지만 새로운 모델에서는 상황이 완전히 달라진다. 출판사 웹 사이트에 PDF 파일을 하나 더 올리는 데는 추가 비용이 거의 들지 않지만, 그 한 편의 논문이 새로운 수익을 가져다준다. 따라서 수익을 극대화하는 가장 이상적인 전략은 가능한 많은 논문을 받아들이는 것이다.

이를 위해 두 가지 일이 벌어질 명백한 가능성이 있다. 하나는 공격적인 마케팅을 통해 연구자들을 설득해 다른 곳이 아닌 나의 출판사에서 출판하도록 설득하는 것이다. 실제로 이는 부분적으로 수행되고 있다. 다른 하나는 지금보다 훨씬 더 우려해야 할 가능성이다. 바로 동료 평가 과정을 무시하고 질 낮은 원고를 그냥 출판해 버리는 것이다.

기존의 저명한 학술지와 출판사는 과학계에서 오랜 기간 쌓아온 평판으로 먹고살기 때문에 이 방식이 그다지 매력적인 선택지로 여겨지지 않을 것이다. 많은 검토자가 수년 동안 동일한 학술지에서 반복적으로 심사를 해오고 있으며, 자신들이 심사한 논문이 이후 어떻게 진행되는지에 대한 정보도 받아왔다. 그런데 낮은 평가를 내린 논문들이 점점 더 많이 채택되고 있다는 사실을 알게 되면, 이는 언젠가는 문제가 될 수밖에 없다.

하지만 완전히 새로운 학술지 발행을 시작하거나 심지어 새로운 출판사를 설립하는 경우에는 이러한 문제가 발생하지 않는다. 대담한 사람이라면 실제 출판사처럼 보이는 웹 사이트를 만들어 자신만의 학술지를 만들 수도 있다. 물론 이러한 출판사가 아무 이력이 없다면 의심스러워 보일 수 있다. 하지만 한편으로는 인터넷에서도 합법적이고 새로운 오픈 액세스 학술지가 탄생한 사례가 있기 때문에 최근에 설립됐다는 사실을 해당 출판사가 부정직하거나 사기라는 명확한 증거로 볼 수 없다. 다만, 강력한 판단 기준으로 삼을 만한 것이 있으니 바로 편집위원회, 즉 편집자들의 명단이다. 앞서 논의한 바와 같이, 이들은 학술지에서 중요한 역할을 하므로 해당 분야의 전문가들이 맡는 것이 바람직하다. 그런데 안타깝게도 편집위원회에 최고의 전문가가 있다고 우기는 가짜 학술지도 있다. 여러 과학자들에게 편지를 보내 합법적인 학술지라며 편집위원 자리를 명예롭게 여기도록 유도해 영입하려는 경우도 있다. 호주의 한 연구자는 자신의 반려견 올리를 가짜 학술지의 편집자로 등록했는데 실제로 여러 경우에서 이 방법이 통하기도 했다.

이제 조금만 노력하면 누구나 가짜 학술지를 만들 수 있다. 그런 다음, 오픈 액세스 학술지에 게재하고자 하는 연구자에게 이메일을 보내 원고를 요청할 수 있다. 이것은 매우 흔한 관행이며, 나 또한 이 글을 쓰는 동안 수년째 연구 활동을 하지 않았음에도 불구하고 원고 청탁 이메일을 종종 받았다. 이들은 제출된 원고가 동료 심사를 거쳤다고 주장하고, 그 논문을 자신들의 웹 사이트에 공개한다. 이러한 '서비스'에 대해 연구자들에게는 실제 학술지와 유사한 금액, 즉 수천 유로에 달하는 비용이 청구된다. 가짜 출판사 입장에서는 피해자 한 명당 수천 유로의 수익을 거두게 되는 셈이다. 문제는 현실이 이보다 더 심각할 수 있다는 점이다. 제대로 된 심사를 거치지 않고 질이 낮거나 심지어 조작된 연구 결과를 발표하고 싶은 사람에게, 가짜 학술지의 존재는 과거에는 없었던 매우 근사한 기회를 제공하기 때문이다.

명확히 하자면, 지금도 엄격한 심사 절차를 지키는 정당한 오픈 액세스 학술지는 여전히 많다. 연구자 시절 내가 편집자로 활동했던 학술지도 그중 하나였다. 그러나 오픈 액세스 학술지의 급증은 가짜 학술지가 틈을 타 악용할 수 있는 상황을 만들어내기도 했다. 이러한 문제를 막기 위한 몇 가지 방어책이 있었지만, 그것들은 거의 다 실패했다. 우선 사서이자 연구자인 제프리 빌Jeffrey Beall이 자발적으로 만든, 가짜 학술지를 폭로하기 위한 목록이 있다. 그는 이들 학술지를 지칭하는 용어인 '약탈적Predatory 학술지'라는 말의 창시자이기도 하다. 하지만 이 목록은 몇 년 후에 폐지됐다. 그 이유 중 하나는 자신들이 부당하게 등재됐다고 주장하는 출판사들이 이의를 제기했기 때문이다.

이 목록의 근본적인 문제는 누가 어떤 기준에 따라 명단에 오르게 되는지가 명확하지 않다는 점이다. 예를 들어, 새롭게 설립된 출판사가 지나치게 공격적으로 오픈 액세스 학술지를 홍보할 경우 의심을 살 수밖에 없다. 하지만 그렇다고 해서 그 출판사가 정당하지 않고, 적절한 심사 과정을 갖추지 않았다고 단정하기는 어렵다. 이 문제를 해결하고자 다른 기준을 사용하고 수정 가능성을 열어둔 새로운 목록이 등장하기도 했다. 하지만 이 새로운 목록조차 신뢰성과 완전성 측면에서 비판을 받고 있다. 하지만 신뢰할 수 있는 심사 과정을 입증하는 것이 어려운 데다 사기꾼 입장에서는 명단에 오른 웹 사이트를 폐쇄하고 새로운 가짜 출판사를 만드는 일이 너무나 쉽기 때문에 이는 어찌 보면 당연한 결과다. 이 점은 빌의 목록이 폐쇄될 당시 1,100개 이상의 출판사가 이미 목록에 등재돼 있었다는 사실만 보아도 자명하다. 한때는 연구자들이 논문을 찾을 때 이용하는 디렉토리나 검색 엔진에는 가짜 학술지들이 등재되지 않으리라는 기대도 있었다. 하지만 이 방어선마저도 무너진 지 이미 오래다.

 사실 학술지가 가짜인지 여부를 명확하게 판단할 수 있는 방법이 딱 하나 있긴 하다. 이른바 '함정 수사$^{\text{Sting operation}}$'를 사용하는 것이다. 이는 범죄자가 특정 상황에서 범죄를 저지르도록 유도하고, 이를 감시하는 방식을 말한다. 경찰과 공조한 잠입 수사관이 불법 무기나 마약을 구매하려는 시도 등이 이에 해당된다. 가짜 학술지의 경우 '심사를 절대 통과할 수 없는 수준의 원고'를 제출한 뒤, 그것이 수락되는지를 확인하는 방식이 여기에 속한다. 만약 그 논문이 통과된다면, 해당 학술지는 일반적인 과학적 기준을 전혀 지키지 않고 있음을 확실히 알 수 있다. 이와 같은 사례는 많지만, 개인적으로 가장 흥미로운 예는 엘름^{Elm} 외 다수의 저자가 2020년에 발표한 논문이다. 이 논문은 그 이름이 얼핏 그럴듯하게 들리는, 《미국 생의학 과학 및 연구 저널$^{\text{American Journal of Biomedical Science \& Research}}$》이라는 학술지에 실렸다. 논문은 '칼로스^{Cyllage}' 지역에서 발생한 가상의 코로나바이러스의 대유행에 대해 다루고 있다. 참고로 칼로스는 포켓몬 게임에 나오는 가상의 도시로, 영어 이름은 '릴리버라 시티Relievera City'다. 논문 저자들 중 일부의 이름도 포켓몬 캐릭터에서 따왔다. 논문에서는 박쥐처럼 생긴 포켓몬인 주뱃을 섭취한 것이 코로나바이러스 대유행의 원인으로 지목됐다. 대중문화를 좋아하는 나로서는 참고 문헌도 매우 인상 깊었다. 참고 자료 목록에는 곰돌이 푸, 쥴스 윈필드와 빈센트 베가[23], 스폰지밥, 핑키와 브레인, 닥터 지바고 등 가상의 인물들이 쓴 논문이 포함됐다.

다행인 점은, 수많은 장애물에도 불구하고 학계는 지금까지 대체로 가짜 학술지를 잘 식별해오고 있다는 것이다. 이는 해당 학술지에 실린 논문들이 거의 인용되지 않는다는 사실로 알 수 있다. 그러나 일반인의 입장에서는, 지금 내가 읽고 있는 논문이 과거처럼 신뢰할 만한 과학적 공동체의 심사를 거쳤는지 100퍼센트 확신하기 어렵다. 또 비록 학술계에서는 크게 영향력이 없을지 몰라도, 이러한 가짜 논문들이 소셜 미디어에서는 공유되는 경우가 종종 있다. 이는 아직 충분히 연구되지 않은 문제이기도 하다.

학계 외부에 있는 사람이라면, 몇 가지 지침만 기억해도 도움이 될 것이다. 만약 사실을 찾는 과정에서 어떤 논문을 발견했는데 그것이 가짜 논문인지 의심이 든다면, 다음과 같은 방식으로 접근해보라.

모든 오픈 액세스 학술지가 가짜는 아니지만, 모든 가짜 학술지는 오픈 액세스라는 사실을 기억하라. 즉, 어떤 논문에 접근하려 할 때 유료 결제의 벽에 막히거나, 대학 계정이 있어야만 읽을 수 있는 상황이라면, 불편함은 있겠지만 적어도 앞서 설명한 가짜 학술지는 아닐 가능성이 높다.

논문에 동료 평가에 걸린 기간이 명시돼 있는지 확인하라. 보통 논문에는 '제출일'과 '게재일'이 표시돼 있다. 평가는 이 두 날짜 사이에 이루어진다. 대부분 이 과정은 몇 개월, 최소한 몇 주는 걸리기 마련이다. 그런데 두 날짜 사이가 불과 며칠밖에 차이가 나지 않는다면, 이는 가짜 학술지일 가능성이 높다.

학술지나 출판사의 웹 사이트도 잘 살펴보기 바란다. 오탈자가 있거나, 링크가 작동하지 않거나, 유효한 회사 주소가 없는 등 무성의하게 만들어졌다는 느낌이 든다면, 가짜일 가능성이 있다.

그래도 확신이 서지 않는다면, 학술지나 출판사의 이름과 함께 '약탈적Predator'이라는 단어를 온라인 검색창에 넣어보라. 당신 이전에 이미 그것을 알아차린 과학계의 누군가가 그 사실을 논의의 대상으로 삼아 블로그나 소셜 미디어에 올려놓았을 가능성이 높다.

이렇게 적어도 가짜 과학을 폭로할 수 있는 정당한 기회는 있으니 이제부터는 훨씬 더 미묘한 문제를 다뤄볼 차례다. 바로 인공지능의 역할이다.

AI의 사용에 대해

최근 개발된 인공지능은 연구자들에게는 신의 선물 같은 존재일 수 있다. 사실 챗GPT부터 이미지 분석 도구에 이르기까지 광범위한 범주의 AI 프로그램들은 과학이 해야 할 일을 정확하게 수행하고 있다. 다시 말해, AI 프로그램들은 산더미 같은 데이터를 분석하고 그 안에서 패턴을 식별하려고 시도하는 일을 한다. 가장 적합한 심사자를 찾거나 통계적 오류를 검색하는 데 AI 지원 도구가 사용되는 이유도 바로 이 때문이다.

실제로 나는 수많은 고대 설형문자 사본을 읽는 데 AI를 사용하자는 아이디어에 매우 열광했던 사람이다. 초기 역사의 비밀을 더 빨리 해독할 수 있다는 생각에 타고난 괴짜인 나는 심장이 두근거리는 것을 느꼈다. 사람들은 심지어 AI를 사용해 가짜 학술지를 탐지하려는 시도까지 했다. 하지만 결과는 참담했다. AI 프로그램은 특정 학술지에 대한 판단을 며칠마다 바꾸었고, 그 이유도 설명하지 않았으며, 명백히 합법적인 학술지조차 가짜로 판명했다.

물론 이러한 실패는 과학계에서 익숙한 일이기도 하므로 큰 문제는 되지 않는다. 하지만 인공지능이 글쓰기 과정에 사용될 때는 상황이 더 복잡해진다. 챗GPT가 출시된 지 불과 몇 달 만에, 이 언어 프로그램이 여러 과학 논문의 공동 저자로 등재되기 시작했다. 하지만 챗GPT가 저자로 표기되는 것이 가능한지는 해당 학술지의 규정에 따라 다르다. 과학 출판 업계에서 가장 중요한 학술지로 꼽히는 학술지인《네이처》는 AI 프로그램을 공동 저자로 인정하지 않겠다고 밝혔다. 저자라는 지위에는 책임이 수반되며, 이 책임은 오직 인간에게만 있다는 것이 그 이유였다. 몇 달 후에 같은 출판사는 논문에 AI로 만든 그래픽을 사용하는 것도 금지했다. 책임자들이 밝힌 이유는 '투명성 부족'이었다. 과학 논문에서는 모든 요소가 왜 존재하는지 설명할 수 있어야 하는데, 인공지능은 일반적으로 이에 대한 설명을 제공할 수 없기 때문이다.

    2024년 초에 들어서는 또 하나의 이유가 추가됐다. AI가 생성한 이미지가 기사에 사용될 경우, 종종 부끄러워 땅속으로 꺼지고 싶을 정도로 엉망일 수 있다는 것이다. 최근 철회된 한 논문은 쥐의 고환 세포에 대한 연구 결과를 발표했다. 사실 이는 흥미로운 주제였다. 저자들은 관련 그래픽 그림의 제작을 인공지능 프로그램인 '미드저니^{Midjourney}'에 맡겼다고 밝혔다. 그런데 이 그림들이 정말 대단했다. 대부분의 그림은 단지 색채만 화려했을 뿐 엉망진창이었다. 그런데 과학계를 뒤흔든 그림 하나가 참으로 특이했다. 귀여운 쥐 한 마리를 묘사한 이 그림에는 고환과 음경이 교과서에 나올 법한 형태로 묘사돼 있었다. 문제는 생식기가 너무 크다는 것이었다. 음경은 쥐의 몸보다 더 컸고, 고환은 정상보다 두 배는 많아 보였다. 여러 부위에는 '네스트톰셀^{Testtomcels}'이나 '용해된^{Dissilced}'과 같이 터무니없이 엉터리인 이름들이 붙어 있었다. 다만, 동물을 가리키는 이름 '쥐^{Ratte}'는 정확했으나 크게 도움이 되지는 않았다.

    이 자료가 사실이 아님을 파악하는 데는 10초도 걸리지 않는다. 그런데 이런 것이 어떻게 동료 평가를 통과했을까? 한 웹 사이트가 검토자 한 명을 추적해냈다. 이는 우연히 가능했는데, 해당 논문이 검토자 이름을 사후에 공개하는 몇 안 되는 학술지 중 하나에

게재됐기 때문이다. 하지만 검토자인 연구자는 자신이 그림까지 확인할 책임은 없다며 학술지의 가이드라인을 언급하면서 이는 저자의 책임이라고 주장했다.

이 사례는 무엇보다도 과학계가 아직 AI 오용 가능성에 충분히 대비돼 있지 않음을 보여준다. 특히 가짜 논문 분야에서 AI 도구는 그럴듯한 허튼소리를 빠르게 그리고 대량으로 생성해낸다. 유능한 AI를 제대로 활용하지 않는다면, 앞으로 가짜를 판별하는 일은 더 어려워질 가능성이 크다.

우리는 모든 연구를
똑같이 신뢰할 수 있다고 여긴다

우리가 더 이상 가짜 논문에 쉽게 속지 않게 된 것은 다행스러운 일이다. 진지하게 사실을 탐색하는 사람이라면 학술 논문이나 연구 보고서, 전문 서적, 리뷰, 전문가 논평 등을 쉽게 찾아볼 수 있다. 그중에는 현재의 과학적 합의가 반영된 신뢰할 수 있는 자료도 있지만, 다음 논문에서 반박될 수 있는 내용을 사실로 받아들일 위험이 있는 자료도 있다.

그리고 이런 일은 생각보다 훨씬 자주 일어난다. 조작된 것도 아니고, 사람을 속이려는 의도도 없는 많은 연구가 '잘못된' 결과를 도출한다. 그 이유는 간단하다. 과학은 복잡하기 때문이다. 어떤 것들은 이해하기 어려울 뿐 아니라, 특정 맥락에서는 타당하지만 다른 상황에서는 그렇지 않을 수도 있다. 의학 연구들이 얼마나 자주 서로 상반되는 주장을 하는지를 보여주는 재미있는 예가 있다.

연구자들이 버터, 치즈, 소금, 당근, 양파 등 요리법에 자주 쓰이는 50가지 일반 식재료에 관한 연구를 모아 분석한 결과다. 이들은 관련 과학 데이터베이스를 샅샅이 뒤져 각 성분이 암을 유발할 수 있는지, 아니면 암을 예방할 수 있는지 확인했다. 결론은 놀라웠다. 우리가 먹는 대부분의 식재료가 암을 유발하기도 하고, 반대로 예방하기도 한다는 것이다. 어떤 재료가 발암물질이라는 임상 연구가 있으면, 다른 연구에서는 그 반대의 주장을 한다. 물론 때때로 증거가 어느 한쪽으로 기울기는 하지만, 전반적인 결과는 상당히 냉정했다.

누군가 이런 연구를 우리에게 보여준다면, 우리는 그 신뢰성을 의심할 이유가 없다. 우리는 모든 연구를 똑같이 신뢰할 수 있다고 여긴다. 이를 해결할 수 있는 방법 중 하나가 '신뢰의 피라미드'라고 알려진 '증거의 위계'다. 이 피라미드는 학술 출판물의 신뢰도를 순위별로 보여준다.

인터넷에서 이 피라미드의 다양한 버전을 찾아볼 수 있다. 이 피라미드를 몇 개의 층으로 나누어야 하는지에 대한 의견은 다양하지만, 일단 간략하게 세 개의 층으로 나누어보겠다. 피라미드의 가장 아래층은 '데이터 없는 논문', 중간층은 '연구', 가장 위층은 '필터링된 정보'다.

가장 신뢰할 수 없는 학술 정보라 할 수 있는 맨 아래층인 '데이터 없는 논문'에서는 '전문가 논평'을 찾아볼 수 있다. 의외라고 할 수 있겠지만, 전문가들이야말로 무엇이 진실이고 무엇이 거짓인지 가장 잘 아는 사람들이 아니겠는가! 그럼에도 불구하고, 이와 같은 논평도 개인적인 의견에 불과하다. 게다가 모든 의견은 사실에 근거하고, 또 근거해야 하겠지만, 그것 자체가 검증 가능한 사실은 아니다.

예를 들어, '모든 것이 암을 유발하고 예방한다'라는 주장이 담긴 연구의 두 저자 중 한 명이 코로나바이러스 팬데믹 초기 시점에 격리 조치의 효과에 대해 블로그에 글을 올린 적이 있었다. 그는 당시 알려졌던 코로나바이러스에 대한 정보를 요약하고, 데이터가 부족해 잠재적으로 극단적인 조치를 취해야 했던 상황에 대해 불만을 토로했다. 그가 제시한 의견은 당시로서는 옳았지만, 크게 잘못된 가정에 근거한 것이었음이 이후에 밝혀졌다. 그는 예상 사망자 수를 크게 웃도는 결과를 두고 그것이 '나쁜 공상과학 소설'일 수 있다고 암시했는데, 이후 자신의 잘못된 가정을 인정하지 않은 점에 대해 비판을 받았다. 물론 당시 데이터에는 불확실성이 매우 컸지만, 바로 그런 이유로 이런 종류의 의견 논평은 낮은 수준에 위치하게 된다.

다음 단계에서는 처음으로 과학적 연구가 등장한다. 중하위 수준의 첫 번째 연구 유형은 사례 연구다. 예컨대, 새로운 질병이 처음으로 보고되거나, 새로운 약물이 시험적으로 사용되는 경우가 여기에 속한다. 이러한 유형의 연구는 매우 중요하지만, 개별 사례를 넘어서지 못할 위험이 있다. 특정 사례에만 존재하는 특별한 유전적 요인이나 매우 드문 환경적 요인의 조합이 있을 수 있기 때문이다. 그래서 대조 연구가 개별 사례 연구보다 우수하다고 간주된다. '아기에게 나쁜 꿀'의 사례에서 우리는 이미 그 중요성을 확인했다. 중간 단계의 가장 상위에는 무작위 대조 연구RCT, Randomized Controlled Trials가 있다. 이 연구에서는 참가자들이 무작위로 실험군과 대조군에 배정되며, 이상적으로는 실험자도 참가자도 자신이 어떤 그룹에 속해 있는지 모르는 이중맹검Doppelblind 방식으로 진행된다. 이러한 연구 결과를 앞에 두고 있다면, 이미 꽤 신뢰할 만한 정보를 가진 셈이다. 다시 말하지만, 나 또한 RCT 논문이 아닌 자료를 바탕으로 친구들과 논쟁하면서 우정을 시험할 생각은 없다. 하지만 여기에는 두 가지 어려움이 있다. 첫째, 우리가 '나쁜 꿀' 사례에서 본 것처럼, 모든 주제에 대해 이런 방식의 연구를 수행하기란 불가능하다. 둘째, 심지어 RCT들조차 서로 상반되는 결과를 보일 수 있다. 따라서 우리는 한 단계 더 올라가야 한다.

피라미드의 상위 3분의 1에 해당하는, 선별된 정보의 영역에는 가장 신뢰할 만한 정보가 포함된다. 이 영역은 바로 평가Review의 영역이다. 여기에서 '평가'라는 단어가 다소 혼란스러울 수 있는데, 동료 평가를 의미할 수도 있기 때문이다. 그러나 여기에서 말하는 평가는 그와는 다른 개념인 비체계적 문헌 고찰Narrative review로, 해당 분야의 현재 연구 동향을 설명하는 데 그친다. 이런 경우는 신뢰성이 반드시 높은 것은 아니지만, 새로운 연구 분야에 대해 기본적인 방향을 잡는 데는 완벽한 출발점일 수 있다. 신뢰의 피라미드 최상단에 위치한 제일 나은 형태의 평가는 체계적 문헌 고찰Systematic review이다. 이 경우, 해당 분야의 기존 연구들이 단순히 나열되는 것이 아니라, 비판적으로 분류되고 비교된다. 예를 들어, 어떤 논문이 다른 논문보다 더 신뢰할 수 있는지, 그 이유는 무엇인지 분석한다. 그리고 모든 연구 결과를 신뢰도에 따라 종합적으로 정리했을 때, 최종적으로 도출되는 결론은 무엇인지를 보여준다.

피라미드의 꼭대기에 있는 것은 메타 분석Meta analyse이다. 이는 체계적 문헌 고찰과 밀접한 관련이 있기 때문에, 많은 논문의 제목에 이 두 가지가 함께 포함된 것을 볼 수 있다. 메타 분석은 원래 연구의 데이터를 다시 분석하는 것이다. 예를 들어, 발표된 여러 연구 결과를 통계적으로 결합하거나, 여러 연구의 데이터를 합쳐야만 새로운 결과가 도출되기도 한다. 메타 연구의 저자들이 원래 연구 논문을 쓴 사람들의 문을 두드려야 하는 경우도 드물지 않다. 논문에서 원자료를 모두 찾을 수 없는 경우가 종종 있기 때문이다. 이 자리를 빌려 나는 메타 분석을 졸업 논문 주제로 선택한 이들에게 경의를 표하고 싶다. 이들이야말로 연구를 진전시키기 위해 자신의 삶을 고달프게 만드는 용감한 선택을 한 사람들이기 때문이다.

메타 연구가 더 신뢰할 수 있다는 사실은 '모든 것이 암을 유발하고 보호한다'라는 분석에서 개별 연구보다 훨씬 나은 결과를 냈다는 점에서도 드러난다. 요약하자면, 메타 분석이 항상 옳은 것은 아니지만, 가능한 의견과 독립적인 과학적 사실을 얻기 위한 최선의 출발점이 될 수 있다는 것이다.

이쯤에서 독자 여러분은 내가 과학 정보의 한 가지 출처, 즉 여러분이 손에 들고 있는 이 책처럼 전문가들이 쓴 책은 무시했다는 사실을 눈치챘으리라. 좀 더 냉정하게 얘기해보겠다. 책은 새로운 데이터를 제시하지 않으며, 자체 실험도 설명하지 않는다. 또한, 해당 분야의 모든 연구를 체계적으로 정리해주지도 않는다. 따라서 책은 신뢰의 피라미드 꼭대기뿐 아니라 중간층에서도 제외되며, 전문가의 의견과 같은 가장 아래층에 자리를 잡게 된다. 독자 여러분이 읽고 있는 이 책의 경우, 독립적인 전문가들이 익명으로, 무료로 심사하지 않았다. 설령, 그렇게 심사한 결과 평가가 나쁘더라도 출판사가 이 책의 출간 프로젝트를 아예 취소했을 가능성은 낮다. 따라서 이 책 속에 담긴 정보를 잘 선택하고 제대로 이해했는지에 대해서는 저자에 대한 신뢰가 중요할 것이다.

이런 말들은 마치 내 책을 깎아내리는 것 같지만, 절대 그렇지 않다. 오히려 모든 책을 깎아내리고 있는 것이다. 비체계적 문헌 고찰과 마찬가지로, 비문학 책은 새로운 분야를 보다 잘 이해하는 데는 아주 유용하지만, 그 이상은 아니다. 엄밀히 말하자면, 책의 기반이 되는 연구를 제대로 확인하지 않고서는 논픽션 책에 실린 내용을 그대로 믿어서는 안 된다. 물론 전문가가 아닌 다음에야 대중들은 논픽션 서적을 가장 신뢰할 수 있는 자료로 읽고 이해하려 하므로 이것은 다소 과한 요구다. 그렇기 때문에 논픽션 서적의 정보에 의존할 필요가 없도록 원본 과학 출판물을 찾아보라고 이 책을 통해 권유하고 싶다. 이를 위한 최적의 출발점은 책의 마지막에 나열된 연구 자료다. 마지막 두 장에서 배운 내용을 바탕으로, 신뢰도에 따라 참고 문헌을 대략적으로 분류할 수 있을 것이다.

여러분이 손에 들고 있는 이 책의 경우, 최선을 다해 모든 진술을 확인하고 또 확인했음을 저자인 내가 보장한다. 그런데 이 책의 첫 페이지에서부터 내가 한 가지 거짓말을 했다는 것을 눈치채셨는지? 프레디란 사람은 사실 이 세상에 존재하지 않는다. 설령, 같은 이름이 있다 하더라도 나는 그 사람을 알지 못한다. 다만, 이 책의 각 부분에서 다루고 싶은 키워드를 그의 이름을 빌려 제시했을 뿐이다. 여러분이 책을 지나치게 신뢰하는 것을 조심해야 하는 이유가 바로 이 때문이기도 하다.

보다 나은 판단을 위한 지침

여기까지 읽었다면, 과학에서 사실과 의견이 얼마나 자주 충돌하는지 분명히 알 수 있을 것이다. 지금까지 우리는 사실과 의견을 구별하기 어렵게 만드는 문제들을 살펴보았다. 어떤 문제는 사실 자체를 인지하려 할 때 발생하고, 또 어떤 문제는 사실을 조사하는 과정에서 발생하기도 한다. 이 시점에서 이러한 문제를 극복할 수 있는 최선의 방법과 해결책이 있다면, 한번 살펴보기로 하자.

문제 1: 우리는 많은 것을 놓친다

두 태아의 예시에서 알 수 있듯이, 우리는 실제로 확인하고 논의할 수 있는 사실을 두고도 의견에 대한 대화를 나누는 경우가 있다.

가장 단순한 해결책은 가능한 우리가 동의할 수 있는, 검증 가능한 사실이 있는지 확인해보는 것이다. 이 문제는 생각보다 흔히 일어난다. 그러나 과학이 전혀 언급할 수 없는 영역이 있다는 점도 염두에 두어야 한다. 예를 들어, 과학은 살인이 법적 문제인지 아닌지에 대해 말해줄 수 없다. 따라서 그것이 정말 과학적인 질문인지 혹은 사실이 반드시 의견보다 해석에서 우위를 가지지 않는 윤리적 질문인지 고민해볼 필요가 있다.

문제 2: 우리는 관찰도, 기억도 잘 하지 못한다

볼로네즈 스파게티의 예시에서 보았듯이, 우리의 뇌는 지각할 때나 기억을 떠올릴 때, 자신의 기대에 따라 빈틈을 채운다. 특히 극단적인 상황에서, 우리의 감각은 나중에 유용할 만한 정보를 제대로 인지하지 못하는 경우도 많다. 이런 점들은 우리가 의견이 아닌 사실을 찾고자 할 때 매우 곤란한 출발점으로 작용할 수 있다.

이런 문제의 해결 방법은 '측정'하는 것이다. 여기에서 측정이란 기록하고, 수집하고, 데이터를 저장하며, 실험 노트를 작성하는 것을 의미한다. 우리의 지각이나 기억과는 무관하게 가능한 많은 정보를 수집할수록 더 도움이 된다. 하지만 이 전략을 과하게 사용할 경우, '유령'을 찾는 과정에서 그랬던 것처럼, 소중한 목격자 진술을 사소한 것으로 무시하는 경우도 생길 수 있다. 따라서 이 경우에도 두 가지 방향에서의 편향 가능성을 주의 깊게 살펴야 한다.

문제 3: 우리는 우리에게 있는 것만 측정할 수 있다

어떤 상황에서든, 우리는 관찰하거나 측정할 수 있는 데이터만 다룰 수 있다. 어딘가 다른 곳에서 집 열쇠를 잃어버리고는 가로등 불빛 아래에서만 열쇠를 찾고 있는 취객이 되지 않기 위해 우리는 항상 조심해야 한다. 문제는 우리가 특정 사례를 넘어서는 결론을 내리고자 할 때 발생하는데, 이런 경우 엄청난 오해의 가능성이 빚어지기 때문이다.

이 문제에서 도움이 되는 유일한 방법은, 이 문제 자체를 '사실'로 인식하는 것이다. 검토할 수 없는 사례들에 대해 최소한으로 수치화하고, 현재 가지고 있는 데이터를 그에 맞게 가중치를 두어 해석할 수 있는 가능성도 있다. 만약 그것조차 불가능하다면, 자신이 전체 상황을 파악하지 못하고 있다는 점을 염두에 두어야 한다.

문제 4: 우리는 자신의 방법을 의심하지 않는다

'유령'을 추적하는 과정에서 우리는 객관적이고 신뢰할 수 있다고 여겨진 DNA 분석에는 과도하게 의존한 반면, 신뢰할 수 없다고 간주된 목격자의 진술이나 비판은 무시하거나 과소평가했다. 거짓말탐지기나 지문, 우리가 주변 세계를 이해하기 위해 사용하는 다른 측정 방법에서도 이와 유사한 함정에 빠지는 경우가 많다.

우리는 어떤 측정이든 오류가 있을 수 있으며, 모든 데이터는 고유한 신뢰도 수준을 가지고 있음을 인식해야 한다. 만약 어떤 방법이 신뢰할 수 없다고 밝혀지면, 우리는 그 방법을 사용하는 것을 중단해야 한다. 특히 그 방법이 가장 간단하거나 비용이 적게 들거나 혹은 과거에 효과가 있었던 것처럼 느껴지는 경우라면, 이러한 중단 결정이 더욱 어려울 수 있다. 가장 좋은 방법은 서로 독립적인 여러 방법을 통해 증거를 확보하는 것이다. 진실에 다가가기 위해, 서로 성질이 다른 벽돌로 집을 지어나가는 것과 같은 방식으로 우리는 세부적인 데이터에 접근해야 한다.

문제 5: 우리는 반박할 수 없는 가정을 좋아한다

어떤 사람들은 세상이 자신만을 위한 '트루먼 쇼'와 같으며, 아무것도 진짜가 아니라고 생각한다. 또 어떤 사람들은 모든 운명을 조종하는 비밀 세력이 배후에 있다고 말한다. 두 개의 주장 모두 처음 들을 땐 매우 강력하게 여겨진다. 왜냐하면 이런 주장은 절대로 반박될 수 없기 때문이다. 이 주장에 반대되는 모든 증거가 감독이나 비밀 엘리트 집단이 조작한 것일 수 있다고 반박당하면 할 말이 없게 된다. 이런 경우, 어떤 것이 진실인지 아닌지를 우리는 어떻게 알 수 있을까?

과학은 우리가 진실에 다가가기 위해 어떻게 가정을 세워야 하는지에 대한 지침을 제공한다. 여기에는 그 가정을 반박할 방법을 찾는 것도 포함된다. 이러한 조건이 충족될 때, 과학계에서는 이것을 '가설'이라고 부른다. 반대로, 반박할 수 없는 가정은 진지하게 받아들일 필요조차 없다. 때때로 이것은 어려운 일인데, 우리는 반박할 수 없는 주장을 유난히 설득력 있다고 느끼는 경향을 가졌기 때문이다. 그러나 가설은 과학적 작업의 기본 원칙일 뿐 아니라, 우리가 음모론에 빠지지 않도록 도와주는 중요한 기준이기도 하다.

문제 6: 우리는 모든 것을 확실히 알지는 못한다

가능하다면, 사실은 실험을 통해 확립되거나 확인돼야 한다. 실험군과 대조군을 비교해봐야만 실제로 무슨 일이 일어나고 있는지를 제대로 알 수 있기 때문이다. 하지만 '나쁜 꿀' 사례에서 보듯이, 우리는 때때로 통제된 조건에서 확실하게 사실을 확인할 수 없는 상황에서도 어려운 결정을 내려야 한다.

그 상황에서 가능한 최선의 방법으로 데이터를 수집해야 한다. 통제된 실험을 통해 얻은 결과가 있는 경우가 가장 좋다. 그것이 불가능하다면, 준실험이 그 다음으로 신뢰할 수 있는 방법이다. 때로는 펌프 손잡이를 떼어내고 콜레라의 확산이 멈추는지를 확인하는 2차적인 결정이 도움이 될 수 있다. 다시 말해, 실험적으로 확인된 사실 없이도 결정을 내려야 하는 경우가 있다.

문제 7: 우리는 때때로 설명할 수 없는 것을 관찰한다

어떤 경험들은 우리가 알고 있는 바와 모순되기 때문에 당혹스럽다. 예를 들어, 마술사가 낯선 사람의 전화번호를 알아맞히는 경우처럼 말이다. 이런 상황에서 우리는 아무런 설명도 하지 못하거나, 이해할 수 없는 설명을 듣게 되기도 한다.

이럴 때는 주어진 설명을 곧바로 검토하는 것이 최선이라고 볼 수는 없다. 대신, 가능한 많은 대안적 설명을 떠올리는 것이 좋다. 일단, 관찰된 현상을 설명할 수 있다면 어떤 것이든 허용 가능하다. 최상의 경우, 검증 가능한 설명을 하나씩 실험해보고 서로 비교할 수 있어야 한다. 중요한 것은 때때로 '우연'도 충분한 설명이 될 수 있다는 것이다.

문제 8: 우리는 어떤 가정에 지나치게 집착한다

서로 다른 설명들을 저울질할 때, 우리는 보통 마음속에 '선호하는 설명'을 하나 가지고 있다. 가장 처음 떠올린 설명이거나, 직감적으로 가장 그럴듯하게 느껴지는 설명이라서 그렇다. 하지만 그렇다고 해서 그 설명이 사실일 가능성이 가장 높다는 뜻은 아니다.

우리는 우리의 가정을 의식적으로 그리고 의도적으로 반증하려는 목적을 가지고 시험해야 한다. '내가 틀렸다면 어떻게 될까?'라고 자문하는 것이다. 사실 이는 무척 어려운 일이다. 어떤 가정에 대해 지지하는 증거가 많을수록 우리는 그것을 더 신뢰하기 마련이다. 그러나 과학은 반대 증거에 더 큰 관심을 둔다. 그 가정을 반박하는 증거는 무엇일까? 빛보다 빠른 중성미자에 대한 이야기는 아무리 오랫동안 입증된 가정이라도 새로운 발견으로 반박할 수 있다는 사실을 상기시켜준다. 아무리 오랫동안, 아무리 확실하게 입증된 가정이라도 새로운 발견에 의해 반박될 수 있다. 이럴 때는 다른 사람들과의 교류가 도움이 된다. 다른 사람들은 어떤 관점을 가지고 있으며, 그들은 어째서 그 관점을 더 신뢰하는 걸까?

문제 9: 우리는 우리가 측정한다고 생각하는 것을 측정하지 않는다

마시멜로 실험은 결과가 명확하고, 그 뒤에 숨은 메커니즘이 그럴듯하며, 미래의 행동을 예측하는 데 사용할 수 있다는 점에서 모든 것이 잘 맞아떨어지는 듯 보인다. 실제로 이 실험은 결정적인 과학 이론이 갖춰야 할 모든 요소를 지닌 것처럼 보인다. 하지만 이 실험은 과거에도 그랬고, 지금도 여전히 오해받는 경우가 많다. 그 이유는, 그 결과가 주로 겉으로 드러나지 않는 어떤 요소에 의해 좌우되기 때문이다.

우리는 데이터에 대한 다른 사람들의 의견에 기꺼이 동의해야 한다. 그러나 이 데이터를 해석할 때, 무언가를 간과함으로써 잘못된 방향으로 가고 있을 가능성도 항상 고려해야 한다. 가령, 정신 질환으로 인한 결근율 증가의 예를 항상 염두에 두어야 한다. 정신 질환이 급증하는 현상은 우려할 만한 일이지만, 사회 전반적으로 정신 질환에 대한 낙인이 줄어든 결과라면 그것은 환영할 일이다. 우리가 관찰하는 추세가 긍정적인지 부정적인지는 전체 맥락을 모르면 판단할 수 없는 경우가 많다.

문제 10: 우리는 어떤 설명이 옳은지 알 수 없다

영리한 벌이든 화성에서 온 미생물이든, 때로는 여러 사람이 같은 데이터를 보고 극적으로 다른 결론에 도달하기도 한다. 과연 누가 옳은지 어떻게 알 수 있을까?

비범한 주장은 비범한 증거를 요구한다는 ECREE 원칙을 항상 기억하라. 하지만 모든 사람이 공개적이고 정직하게 사건에 접근하더라도 하나의 설명이 다른 설명보다 우위를 점하고 과학적 합의가 이루어지기까지는 수년이 걸릴 수 있다. 어떤 경우에는 영원히 합의가 이루어지지 않을 수도 있다.

문제 11: 우리는 기대에 따라 분류한다

우리는 절대로 완전히 열린 마음으로 연구 질문에 접근할 수 없다. 우리는 항상 자동적으로 자신의 기준 프레임을 적용한다.

이와 같은 사전 분류에는 목적이 있다는 점을 명심하자. 예를 들어, 방 온도계가 99도를 가리킨다면, 나는 측정 오류라고 가정할 테고 아마도 그 판단이 맞을 것이다. 하지만 이러한 전략이 문제나 실수로 이어질 수도 있다. 이런 경우에는 '자신의 관점(프레임)'을 인식하는 것이 도움이 된다. 그러면 우리가 수집한 사실들을 나중에 논의할 때, 그 프레임을 식별하고 논의할 수 있다.

문제 12: 우리는 기대 없이 관찰할 수 없다

조사 대상은 결과적으로 변화하며, 이로부터 도출된 결론은 다른 모델과 마찬가지로 오류와 약점이 있는 세상의 모델일 뿐이다. 스티븐 호킹이 말했듯이 "현실을 테스트할 때 모형에 의존하지 않는 방법은 없다."

자신의 모델을 비판적으로 검토해야 할 필요가 있다. 그것으로 모든 데이터를 설명할 수 있는가? 다른 모델과 겹치는 지점에서 일치하는가? 우아한가? 예측 가능한 모델인가? 이 모든 조건을 충족한다면, 동일한 기능을 가진 다른 모델이 있더라도 그 모델이 현실을 대표한다고 말할 수 있다. 이 개념은 다른 사람의 견해가 나의 견해만큼이나 관찰된 현상을 잘 설명할 수 있을 때, 그것을 순순히 받아들여야 한다는 점을 강조한다.

문제 13: 우리는 서로를 이해하지 못한다

서로를 이해하려면, 우리는 상대방의 관점을 취해야 한다. 하지만 이것이 항상 쉬운 일은 아니다. 다른 사람이 볼 수 있는, 가장 작은 '트럭'을 고르는 데는 시간과 정신적 노력이 필요하다.

일상에서는 이 관점의 차이로 인해 소통에서 항상 약점이 존재할 수 있다. 따라서 우리는 처음부터 서로가 말하는 바를 100퍼센트 완전히 이해하지 못할 수도 있다는 점을 인정해야 한다. 과학에서 가독성이 떨어지더라도 가능한 명확하고 모호하지 않은 언어 사용을 유지해야 이유는 바로 이 때문이다. 다른 사람과 이야기할 때는 그들이 사용하는 용어를 함께 쓰는 것이 도움이 된다. 예를 들어, 누군가가 "개가 무서워요"라고 말한다면, 그 의미를 정확하게 알 때까지는 그 표현을 그대로 사용하는 것이 좋다.

문제 14: 우리는 연구 자료를 읽는 방법을 모른다

사실의 본질을 직접 파악하고 싶다면, 과학 논문의 원본을 읽어야 하겠지만 우리는 그런 방법을 배운 적이 없다.

논문의 구조를 이해하고, 신뢰할 수 있는 논문의 기본적인 특징들을 아는 것이 도움이 된다. 특히 논문의 제한 사항과 표본 크기를 살펴보고, 해당 연구가 사전 등록됐는지 확인하는 것이 좋다.

문제 15: 우리는 가짜 연구에 속는다

최근 몇 년 사이, 거의 아무도 이야기하지 않는 문제 하나가 등장했다. 돈만 주면 가짜 논문을 진짜처럼 보이게 만들어 출판할 수 있다는 것이다. 게다가 수많은 사람이 이렇게 출판된 논문을 진짜라고 여기기도 한다. 그렇다면, 어떻게 진짜와 가짜를 구별할 수 있을까?

다행히도 대부분의 과학자들은 이런 함정에 잘 빠지지 않는다. 그리고 일반인이 최소한 혼란을 피할 수 있는 가이드라인도 존재한다.

문제 16: 우리는 모든 연구를 똑같이 신뢰할 수 있다고 여긴다

개별 연구나 전문가들도 항상 옳은 것은 아니다. 사실을 찾기 위한 과정에서 우리는 상반된 정보들을 다양하게 마주하게 된다. 그렇다면 어떤 출처가 다른 출처보다 더 신뢰할 수 있는지 어떻게 알 수 있을까?

신뢰의 피라미드는 학문적 텍스트들 사이에도 신뢰도의 순위가 존재함을 보여준다. 그 피라미드의 가장 꼭대기에는 체계적 문헌 고찰과 메타 분석이 있다.

미주

1. Alternative für Deutschland, '독일을 위한 대안'의 약자로 독일의 극우, 우익 포퓰리즘, 국민 보수주의 정당이다—옮긴이.
2. Oxbridge Trump, 트럼프와 비슷한 태도를 가진 영국 엘리트 출신.
3. 이 책에서 나는 'Artikel'과 'Paper'라는 용어를 둘 다 과학 출판물을 설명하는 동의어로 사용하기로 했다. 이러한 출판물의 정확한 특징은 나중에 자세히 설명하겠다.
4. 2001년 9월 11일에 이슬람 근본주의 테러 조직인 알카에다가 일으킨 비행기 납치 및 자살 테러 사건을 가리킨다—옮긴이.
5. Baikal Gigaton Volume Detector 또는 바이칼-GVD.
6. 미국 사교집단 맨슨 패밀리의 두목이자 미국의 중대한 범죄자—옮긴이.
7. 속박(Bondage)과 훈육(Discipline), 지배(Dominance)와 굴복(Submission), 가학(Sadism)과 피학(Masochism)으로 대립되는 세 가지 대표적 형태의 역할 놀이 성향을 일컫는다—옮긴이.
8. 물론 나는 여러분을 곤경에 빠뜨리려는 것이 절대 아니다. 그러니 답을 하자면 지구의 내부는 뜨겁다. 이것을 당연하게 여기는 이유는, 그렇지 않으면 지구 자기장과 같은 것들이 존재하지 않을 것이기 때문이다. 또 분자는 원자로 구성돼 있기 때문에 분명히 더 크다고 할 수 있다. 또한, 항생제는 살아 있는 미생물체에 대해 효력을 발휘하는 약제이므로 쉽게 말해 '화가 난 돌'이라고 볼 수 있는 바이러스에는 효과가 없다.
9. 실험 결과가 제대로 도출됐는지 여부를 판단하기 위해 어떤 조작이나 조건도 가하지 않은 집단—옮긴이.
10. 단순화를 위해, 여기에서는 다섯 자리의 지역 번호를 생략했다.
11. 중성미자가 빛의 속도보다 더 빠르게 움직이는 결과가 도출됐다는 뜻이다—옮긴이.
12. 처음 이탈리아 연구진의 결과가 발표됐을 때, 이는 우주에서 그 어떤 것도 빛의 속도인 초당 2억 9,979만 2,458미터보다 빨리 움직일 수 없다는 알베르트 아인슈타인의 1905년 특수 상대성 이론을 뒤집는 결과여서 물리학계는 큰 논란에 휩싸였다—옮긴이.
13. 이 지역에 몇 년 후 '스코어 리지(Score Ridge)'라는 이름이 붙었다는 사실은 이 운석에 얽힌 이야기가 얼마나 큰 규모로 전개될지를 보여준다.
14. '스타워즈 앤솔로지 시리즈'의 첫 번째 작품으로, 〈스타워즈〉(1977)의 바로 전편이다—옮긴이.
15. Occam's Razor, 다른 모든 요소가 동일할 때 가장 단순한 설명이 최선이라는 뜻의 철학 원리—옮긴이.

16. Extraordinary claims require extraordinary evidence. '특별한 주장에는 특별한 증거가 필요하다.'
17. Quinine, 말라리아 치료에 사용되는 알칼로이드로 해열, 진통, 근육 이완 등의 효과가 있다―옮긴이.
18. Replikationskrise, 과학 연구의 결과를 재현하기 어려워지는 현상―옮긴이.
19. Wokeness, 주류의 차별에 맞서 소수층의 권익을 옹호하는 문화―옮긴이.
20. Cancel culture, 주로 유명 인사를 비롯한 어떤 사람의 말과 행동에 논란의 여지가 있거나, 특정 이념이나 정치적 관점과 일치하지 않을 때 이를 보이콧 하고 사회적으로 처벌하려는 사회적 움직임―옮긴이.
21. Hawthorne Effekt, 일종의 반응 현상으로 개인들이 자신의 행동이 관찰되고 있음을 인지할 때, 그 반응으로 자신들의 행동을 조정하거나 순화하는 현상―옮긴이.
22. 그건 그렇고, 이 글을 쓰는 도중에 나는 이 세상에 대머리가 얼마나 많은지에 대한 궁금증이 생겼다. 그러다 "전 세계에 대머리가 몇 명이나 되나요?"라는 질문에 대한 명쾌하고 구체적인 답을 인터넷에서 찾았다. 그 대답은 두 명을 제외하고 모두 대머리라는 것이다. 그 이유는 대머리인 미 우주항공국 소속 우주비행사 스콧 팅글(Scott Tingle)과 러시아 우주비행사 올렉 아르테미예프(Oleg Artemyev)가 질문이 던져졌을 당시, 국제우주정거장에 살고 있었기 때문이다.
23. Jules Winnfield & Vincent Vega, 영화 <펄프 픽션>의 등장인물.

에필로그

　이 책을 관통하는 문제들은 얼핏 보기에 다소 냉정하게 느껴질 수 있다. 우리는 우리의 지각도, 기억도 전적으로 신뢰할 수 없다. 실험과 과학적 연구에 의존하고자 해도, 그것들이 항상 가능하지는 않으며, 때로는 부정확한 경우도 있다. 실험실 안에서든 데이터 해석 과정에서든, 결과를 왜곡할 수 있는 필터들이 적용되기도 한다. 우리의 의사소통 또한 매우 보호해 상황을 더욱 왜곡시킨다. 설상가상으로 우리 자신이 주관적임을 인식한다 할지라도, 그 주관성에서 완전히 벗어날 수는 없다. 그렇다면 사실을 찾는 일은 불가능하기 때문에 정말로 무의미한 것일까?
　아니다. 이 책에서 배워야 할 교훈은, 사실을 찾는 일은 어렵다는 것, 그것도 생각보다 훨씬 어렵다는 것이다. 그리고 사실에 근거해 도달하게 되는 해결책은, 여러 의견들이 똑같이 정당하다고 느껴질 수 있다는 것이다. 이는 쉽게 받아들이기 어렵다. 왜냐하면 우리는 본능적으로 명확한 결론에 빠르게 도달하고 싶어 하기 때문이다. 하지만 과학에서든 현실 세계에서든, 안타깝게도 이는 통용되기 어렵다.

 이 책에서 거의 완전히 생략한 주제가 하나 있다. 가짜 학술지 문제와 같은 몇몇 요소를 제외하면, 우리는 의도적인 허위 정보, 즉 거짓말에 대해서는 논의하지 않았다. 우리가 이 책에서 얘기한 모든 어려움은, 논의에 참여한 모든 사람이 진지하고 성실하며 정직하다는 전제 아래에서도 발생하는 문제들이다. 예를 들어, 화성에 미생물이 존재하는지 여부가 불확실했을 때, 거짓말을 한 사람은 없었다. 벌의 계산 능력을 연구할 때도, 정치적이거나 이념적인 동기로 연구를 조작한 사람은 아무도 없었다. 물론, 악의적인 행위자나 부정직한 개인이 존재할 수 있다. 이들이 부당한 방법을 사용하거나, 누군가의 의뢰를 받아 돈을 받고 원하는 결과를 만들어낼 수도 있다.

 하지만 우리가 이 책에서 다룬 이 모든 어려움은, 모든 사람이 정직하고 공통의 이해를 찾고자 하는 진지한 의욕을 가지고 있는 상황에서도 충분히 발생할 수 있다. 특정한 인상을 주기 위해 의도적으로 정보를 선별하는 경우도 있지만, 전혀 의도적이지 않더라도 자신이 중요하다고 믿는 것을 무의식적으로 강조하는 경우도 있다. 사람은 솔직하게 행동하더라도 스스로 주목받는 자리에 있다는 생각에서 벗어나지 못할 수 있다. 이런 점에서, 이 책은 일종의 화해의 제안이기도 하다. 이 책은 연구자들이 열려 있고 정직하며, 진심으로 진실을 밝히는 데 관심이 있다는 가정 위에서 쓰였기 때문이다.

사실을 찾는 과정에서 무언가가 일부러 잘못 제시됐는지, 아니면 실수로 잘못 전달됐는지는 중요하지 않을 때가 많다. 두 경우 모두에서, 우리가 할 수 있는 유일한 일은 제시된 데이터와 아이디어, 모델과 해석을 끊임없이 의심하고 질문하는 것뿐이다. 그리고 우리는 타인이 우리에게 제시한 것뿐만 아니라 오히려 우리 스스로 믿고 있는 것들에 대해서도 똑같이 (혹은 더 강하게) 의심을 제기해야 한다. 우리가 접하는 (혹은 머릿속에 가지고 있는) '사실'은 얼마나 신뢰할 수 있는가? 그것들은 어떻게 수집됐고, 어떻게 해석됐는가? 우리는 그것에 대해 어떻게 설명할 것인가? 그리고 가장 중요한 질문이 있다. 그 사실을 똑같이 혹은 더 잘 설명해줄 수 있는 다른 해석은 없는가?

이러한 접근 방식이 지닌 명백한 위험은, 항상 성공적이지 않다는 점이다. 사실이 충분하지 않아, 근거 있는 의견을 형성할 수 없다면 어떻게 해야 할까? 이런 경우, "나는 그것에 대해 잘 모르기 때문에 의견이 없습니다"라고 의견을 표현하는 것이 지극히 정상적이고 수용 가능한 태도가 되기를 나는 희망한다. 이런 말을 할 때, 우리는 스스로 무지하거나, 무능하거나, 준비되지 않은 사람처럼 느끼는 경우가 많다. 또한 타인 앞에서 체면을 지키기 위해 억지로 의견을 정해야 한다는 압박감을 느끼기도 한다. 하지만 그보다 중요한 것은 자신의 의견을 뒷받침하는 사실들에 대해 높은 기준을 세우는 것이다.

    이 책에서 설명한 과정을 우리가 따르고, 그 모든 단계를 진심으로 받아들인다면, 우리는 과학적인 방식으로 접근하는 셈이다. 당신이 흰 가운을 걸치고 박사 학위를 가진 사람인지, 아니면 단지 지식과 통찰을 향한 갈망을 가진 세심한 사람일 뿐인지는 중요하지 않다. 사물을 있는 그대로 바라보고자 최선을 다해 노력하고, 그 과정에서 발생할 수 있는 온갖 함정들을 인식하고 있다면, 그것만으로도 훌륭한 과학자의 태도를 지녔다고 할 수 있다. 우리는 토론을 할 때 스스로 먼저 지식과 신념에 따라 최선을 다해 행동한다는 기준을 세우고 지켜야 한다.

    그렇지 않으면, 사실은 그저 의견에 불과하다.

참고 문헌

프롤로그

Jewitt, D. & Luu, J. X. (2007). Pluto, perception & planetary politics. *Daedalus, 136*(1), 132-136.

Borchers, C. (2017). *Trump falsely claims (again) that he coined the term ›fake news*. The Washington Post. Abgerufen am 23.6.2024 von <https://www.washingtonpost.com/news/the-fix/wp/2017/10/26/trump-falsely-claims-again-that-he-coined-the-term-fake-news/>.

Mede, N. G. & Schäfer, M. S. (2020). Science-related populism: Conceptualizing populist demands toward science. *Public Understanding of Science, 29*(5), 473-491.

Gibis, S. & Röcker, A. (1. Februar 2023). Wirkung mit jedem Schluck? So gesund ist Kaffee. Apotheken Umschau. Abgerufen am 25.5.2024 von <https://www.apotheken-umschau.de/gesund-bleiben/ernaehrung/wirkt-mit-jedem-schluck-so-gesund-ist-kaffee-933995.html>.

Ist Kaffee gesund und wie wirkt er auf den Körper? (5. Oktober 2023). ARD Gesund. Abgerufen am 25.5.2024 von <https://www.ndr.de/ratgeber/gesundheit/Ist-Kaffee-gesund-und-wie-wirkt-er-auf-den-Koerper,kaffee786.html>.

Soper, G. A. (1919). The lessons of the pandemic. *Science, 49*(1274), 501-506.

Kähler, C. J. & Hain, R. (2020). Fundamental protective mechanisms of face masks against droplet infections. *Journal of Aerosol Science, 148,* 105617.

Jefferson, T., Del Mar, C. B. & Dooley, L. (2011). Physical interventions to interrupt or reduce the spread of respiratory viruses. *Cochrane Database Systematic Review, 7,* CD006207.

Howard, J. (31. März 2020). WHO stands by recommendation to not wear masks if you are not sick or not caring for someone who is sick. CNN.com. Abgerufen am 26.5.2024 von <https://edition.cnn.com/2020/03/30/world/coronavirus-who-masks-recommendation-trnd/index.html>.

Netburn, D. (27. Juli 2021). A timeline of the CDC's advice on face masks. Los Angeles Times. Abgerufen am 26.5.2024 von <https://www.latimes.com/science/story/2021-07-27/timeline-cdc-mask-guidance-during-covid-19-

pandemic>.

He, L., He, C., Reynolds, T. L., Bai, Q., Huang, Y., Li, C. ⋯ & Chen, Y.(2021). Why do people oppose mask wearing? A comprehensive analysis of US tweets during the COVID-19 pandemic. *Journal of the American Medical Informatics Association*, 28(7), 1564-1573.

Pasek, J.(2018). It's not my consensus: Motivated reasoning and the sources of scientific illiteracy. *Public Understanding of Science*, 27(7), 787-806.

Bromme, R., Mede, N. G., Thomm, E., Kremer, B. & Ziegler, R.(2022). An anchor in troubled times: Trust in science before and within the COVID-19 pandemic. *PloS One*, 17(2), e0262823.

Zhang, F. J.(2023). Political endorsement by Nature and trust in scientific expertise during COVID-19. *Nature Human Behaviour*, 7, 696-706.

Yannis, G., Papadimitriou, E., Dupont, E. & Martensen, H.(2010). Estimation of fatality and injury risk by means of in-depth fatal accident investigation data. *Traffic Injury Prevention*, 11(5), 492-502.

우리는 많은 것을 놓친다

Asimov, I.(1985). *The roving mind*. Prometheus Books(42).

Ghio, M., Cara, C. & Tettamanti, M.(2021). The prenatal brain readiness for speech processing: A review on foetal development of auditory and primordial language networks. *Neuroscience & Biobehavioral Reviews*, 128, 709-719.

우리는 관찰도 기억도 잘 하지 못한다

Loftus, E. F., Miller, D. G. & Burns, H. J.(1978). Semantic integration of verbal information into a visual memory. *Journal of Experimental Psychology: Human Learning and Memory*, 4(1), 19.

Released Prisoner Gets Big Welcome (5. April 1989). Spokane Chronicle.

DNA Exonerations in the United States (1989-2020) (o. D.). Innocence Project. Abgerufen am 22.5.2024 von <https://innocenceproject.org/dna-exonerations-in-the-united-states/>.

Wixted, J. T., Mickes, L. & Fisher, R. P.(2018). Rethinking the reliability of eyewitness memory. *Perspectives on Psychological Science*, 13(3), 324-335.

Newberry, L.(6. Februar 2020). *This ›false memory‹ expert has testified in hundreds of trials. Now she's been hired by Harvey Weinstein.* Los Angeles Times.

Hirst, W., Phelps, E. A., Buckner, R. L., Budson, A. E., Cuc, A., Gabrieli, J. D. ··· & Vaidya, C. J. (2009). Long-term memory for the terrorist attack of September 11: flashbulb memories, event memories, and the factors that influence their retention. *Journal of Experimental Psychology: General, 138*(2), 161.

Newton's apple tree returns from space (6. Juli 2010). The Royal Society. Abgerufen am 22.5.2024 von <https://royalsociety.org/news/2010/newton-apple-tree/>.

McKie, D. & De Beer, G. R. (1951). Newton's apple. *Notes and Records of the Royal Society of London, 9*(1), 46-54.

Jonas, L., Jaksch, H., Zellmann, E., Klemm, K. I. & Andersen, P. H. (2012). Detection of mercury in the 411-year-old beard hairs of the astronomer Tycho Brahe by elemental analysis in electron microscopy. *Ultrastructural Pathology, 36*(5), 312-319.

Zhang, X., Zhang, G., Zhang, L., Sun, C., Liu, N. & Chen, M. (2017). Spontaneous rupture of the urinary bladder caused by eosinophilic cystitis in a male after binge drinking: a case report. *Medicine, 96*(51), e9170.

Ayala, F. J. (2009). Darwin and the scientific method. *Proceedings of the National Academy of Sciences, 106*(supplement_1), 10033-10039.

Avrorin, A. V., Ainutdinov, V. M., Belolaptikov, I. A., Bogorodskii, D. Y., Budnev, N. M., Wisznewski, R. ··· & Yagunov, A. S. (2011). Search for astrophysical neutrinos in the Baikal neutrino project. *Physics of Particles and Nuclei Letters, 8*, 704-716.

Finkbeiner, A. (2010). *Looking for Neutrinos, Nature's Ghost Particles.* Smithsonian Magazine.

The IceCube Collaboration (2017). Measurement of the multi-TeV neutrino interaction cross-section with IceCube using Earth absorption. *Nature 551*, 596-600.

우리는 우리에게 있는 것만 측정할 수 있다

Foell, J. & Patrick, C. J. (2017). A Neuroscientific Perspective on Morbid Paraphilias. In: L. Mellor, A. Aggrawal & E. Hickey (Eds.), *Understanding Necrophilia: A Global Multidisciplinary Approach* (185-203). Cognella Academic Publishing.

Statistisches Bundesamt (2023). *Körpermaße nach Altersgruppen und Geschlecht.*

Abgerufen am 22.5.2024 von <https://www.destatis.de/DE/Themen/Gesellschaft-Umwelt/Gesundheit/Gesundheitszustand-Relevantes-Verhalten/Tabellen/liste-koerpermasse.html#119172>.

Stulp, G., Buunk, A. P. & Pollet, T. V. (2013). Women want taller men more than men want shorter women. *Personality and Individual Differences*, *54*(8), 877-883.

Jalava, J., Griffiths, S. & Larsen, R. R. (2023). How to keep unreproducible neuroimaging evidence out of court: A case study in fMRI and psychopathy. *Psychology, Public Policy, and Law*, *29*(1), 1-18.

Schultz, W. W., van Andel, P., Sabelis, I. & Mooyaart, E. (1999). Magnetic resonance imaging of male and female genitals during coitus and female sexual arousal. *British Medical Journal*, *319*(7225), 1596-1600.

Mangel, M. & Samaniego, F. J. (1984). Abraham Wald's work on aircraft survivability. *Journal of the American Statistical Association*, *79*(386), 259-267.

Jordan, K. (1989). Die Helmentwicklung vom Mittelalter bis zur Gegenwart. *Burgen und Schlösser. Zeitschrift für Burgenforschung und Denkmalpflege*, *30*(2), 99-106.

Op't Eynde, J., Yu, A. W., Eckersley, C. P. & Bass, C. R. (2020). Primary blast wave protection in combat helmet design: A historical comparison between present day and World War I. *PLoS one*, *15*(2), e0228802.

Guildal, P. (1916). *Kriegschirurgische Eindruecke aus Frankreich*. Zitiert in: Juhnke, L. A., International Abstracts of Surgery. The Surgical Publishing Company of Chicago (619).

Engel-Di Mauro, S. & Martin, G. (2021). Cities and food production. In: *Urban Food Production for Ecosocialism* (20-33). Routledge.

우리는 자신의 방법을 의심하지 않는다

Wir hinterfragen unsere Methoden nicht

Neumeyer, J. (15. Januar 2014). *Wie und warum starb Polizistin Michèle Kiesewetter?* Hamburger Abendblatt.

Drucksache des Deutschen Bundestages 17/14600 vom 22.8.2013: Beschlussempfehlung und Bericht des 2. Untersuchungsausschusses nach Artikel 44 des Grundgesetzes.

Diehl, J.(18. März 2009). *Aktenzeichen UWP ungelöst*. Der Spiegel.

Berglund, A., Johannsen, T. H., Stochholm, K., Aksglæde, L., Fedder, J., Viuff, M. H. ··· & Gravholt, C. H.(2017). Incidence, prevalence, diagnostic delay, morbidity, mortality and socioeconomic status in males with 46, XX disorders of sex development: a nationwide study. *Human Reproduction, 32*(8), 1751-1760.

Diehl, J. & Jüttner, J.(26. März 2009). *»Plötzlich war die DNA nicht mehr da«*. Der Spiegel.

»Phantom«-Jäger schließen Laborpannen aus-Suche nach Mörderin geht weiter(26. Dezember 2008). Pforzheimer Zeitung.

Iacono, W. G. & Ben-Shakhar, G.(2019). Current status of forensic lie detection with the comparison question technique: An update of the 2003 National Academy of Sciences report on polygraph testing. *Law and Human Behavior, 43*(1), 86-98.

Edmond, G., Cunliffe, E. & Hamer, D.(2020). Fingerprint comparison and adversarialism: The scientific and historical evidence. *The Modern Law Review, 83*(6), 1287-1327.

Ryan, M. J.(2020). Escaping the Fingerprint Crisis: A Blueprint for Essential Research. *University of Illinois Law Review 2020*(3), 763-810.

우리는 반박할 수 없는 가정을 좋아한다

Jevremovic, T.(2009). Nuclear Principles in Engineering(2nd Ed.). Springer Science & Business Media(491).

Ananthaswamy, A.(2020). *Do We Live in a Simulation? Chances Are about 50-50*. Scientific American.

Ashrafian, H.(2020). How Many Simulations Do We Exist In? A Practical Mathematical Solution to the Simulation Argument. *arXiv preprint arXiv:2001.10439*.

Packard, F. H.(1906). The feeling of unreality. The Journal of Abnormal Psychology, 1(2), 69-82.

Kate, M. A., Hopwood, T. & Jamieson, G.(2020). The prevalence of dissociative disorders and dissociative experiences in college populations: A meta-analysis of 98 studies. *Journal of Trauma & Dissociation, 21*(1), 16-61.

Gold, J. & Gold, I.(2012). The »Truman Show« delusion: psychosis in the global village. *Cognitive Neuropsychiatry, 17*(6), 455-472.

Fusar-Poli, P., Howes, O., Valmaggia, L. & McGuire, P. (2008). ›Truman‹ signs and vulnerability to psychosis. The British Journal of Psychiatry, 193(2), 168.

Grimes, D. R. (2016). On the viability of conspiratorial beliefs. PloS one, 11(1), e0147905.

Wahlprogramm der Alternative für Deutschland für die Wahl zum Deutschen Bundestag am 24. September 2017, 10.

Dyson, F. W., Eddington, A. S. & Davidson, C. (1923). A Determination of the Deflection of Light by the Sun's Gravitational Field, from Observations made at the Total Eclipse of May 29, 1919. *Memoirs of the Royal Astronomical Society, Vol. 62,* A1.

Einstein, A. (1911). Über den Einfluß der Schwerkraft auf die Ausbreitung des Lichtes. *Annalen der Physik, 340*(10), 898-908.

Rosenthal-Schneider, I. (2013). *Begegnungen mit Einstein, von Laue und Planck: Realität und wissenschaftliche Wahrheit* (60). Springer-Verlag.

우리는 모든 것을 확실히 알지는 못한다

Ropp, G., Lesur, V., Baerenzung, J. & Holschneider, M. (2020). Sequential modelling of the Earth's core magnetic field. *Earth, Planets and Space, 72*(1), 153.

Midura, T. & Arnon, S. (1976). Infant botulism: identification of Clostridium botulinum and its toxins in faeces. *The Lancet, 308*(7992), 934-936.

RKI-Ratgeber Botulismus (n. d.). Robert-Koch-Institut. Abgerufen am 23.5.2024 von <https://www.rki.de/DE/Content/Infekt/EpidBull/Merkblaetter/Ratgeber_Botulismus.html>.

Arnon, S. S., Midura, T. F., Damus, K., Thompson, B., Wood, R. M. & Chin, J. (1979). Honey and other environmental risk factors for infant botulism. *The Journal of Pediatrics, 94*(2), 331-336.

Panditrao, M. V., Dabritz, H. A., Kazerouni, N. N., Damus, K. H., Meissinger, J. K. & Arnon, S. S. (2020). Descriptive epidemiology of infant botulism in California: the first 40 years. *The Journal of Pediatrics, 227,* 247-257.

An Honig können Säuglinge ersticken (8. Juli 2008). WELT. Abgerufen am 23.5.2024 von <https://www.welt.de/gesundheit/article2190060/An-Honig-koennen-

Saeuglinge-ersticken.html>.

Spurious correlation #2428(o. D.). TylerVigen.com. Abgerufen am 23.5.2024 von <https://www.tylervigen.com/spurious/correlation/2428_the-distance-between-neptune-and-earth_correlates-with_burglaries-in-kansas>.

Widder, M., Mierzwa, L., Schwerg, L., Schecke, H., Kornhuber, J., Bouna-Pyrrou, P. ··· & Lenz, B.(2021). Evaluation of the German biographic screening interview for fetal alcohol spectrum disorder(BSI-FASD). *Scientific Reports, 11*(1), 5233.

Bergmann, K. E., Bergmann, R. L., Ellert, U. & Dudenhausen, J. W.(2007). Perinatale Einflussfaktoren auf die spätere Gesundheit. *Bundesgesundheitsbl-Gesundheitsforsch-Gesundheitsschutz 2007*, 50, 670-676.

Mamluk, L., Edwards, H. B., Savović, J., Leach, V., Jones, T., Moore, T. H. ··· & Zuccolo, L.(2017). Low alcohol consumption and pregnancy and childhood outcomes: time to change guidelines indicating apparently ›safe‹ levels of alcohol during pregnancy? A systematic review and meta-analyses. *BMJ Open, 7*(7), e015410.

Bundeszentrale für gesundheitliche Aufklärung(2021). *Informationen zum Thema Alkohol für Schwangere und ihre Partner*. Abgerufen am 23.5.2024 von <https://shop.bzga.de/informationen-zum-thema-alkohol-fuer-schwangere-und-ihre-partner-32041001/>.

»*Aufarbeiten, lernen, heilen*«: *Ethikrats-Chefin nennt Corona-Pandemie größte Krise seit dem Zweiten Weltkrieg*(6. April 2024). Der Tagesspiegel. Abgerufen am 28.5.2024 von <https://www.tagesspiegel.de/politik/aufarbeiten-lernen-heilen-ethikrats-chefin-nennt-corona-pandemie-grosste-krise-seit-dem-zweiten-weltkrieg-11475608.html>.

Snow, J.(1849). *On the mode of communication of cholera*. John Churchill.

Brody, H., Rip, M. R., Vinten-Johansen, P., Paneth, N. & Rachman, S.(2000). Map-making and myth-making in Broad Street: the London cholera epidemic, 1854. *The Lancet, 356*(9223), 64-68.

Bird, K. & Sherwin, M. J.(2005). *American Prometheus: The Triumph and Tragedy of J. Robert Oppenheimer*. Knopf Doubleday Publishing Group.

Rhodes, R.(1986). *The Making of the Atomic Bomb*. Simon and Schuster.

(H)our History Lesson: Historical Perspectives on the Atomic Bomb created at Los Alamos, Los Alamos County, New Mexico, WWII Heritage City(n. d.).

National Park Service. Abgerufen am 23.5.2024 von <https://www.nps.gov/articles/000/-h-our-history-lesson-historical-perspectives-on-the-atomic-bomb-created-at-los-alamos-los-alamos-county-new-mexico-wwii-heritage-city.htm>.

Trinity test eyewitnesses (o. D.). Atomic Heritage Foundation. Abgerufen am 24.5.2024 von <https://ahf.nuclearmuseum.org/ahf/key-documents/trinity-test-eyewitnesses/>.

Bishop, A. & Spivey, W. (15. Juli 2021). Trinity revisited. Los Alamos National Laboratory. Abgerufen am 24.5.2024 von <https://discover.lanl.gov/publications/national-security-science/2021-summer/trinity-revisited/>.

Selby, H. D., Hanson, S. K., Meininger, D., Oldham, W. J., Kinman, W. S., Miller, J. L. ⋯ & Marcy, P. W. (2021). A new yield assessment for the trinity nuclear test, 75 years later. *Nuclear Technology*, *207* (sup1), 321-325.

National Bureau of Statistics of China (17. Januar 2023). *National Economy Withstood Pressure and Reached a New Level in 2022*. Abgerufen am 24.5.2024 von <https://english.www.gov.cn/archive/statistics/202301/17/content_WS63c61d81c6d0a757729e592c.html>.

우리는 때때로 설명할 수 없는 것을 관찰한다

Smolin, L. (1. Mai 2013). *There is No Scientific Method*. Big Think. Abgerufen am 24.5.2024 von <https://bigthink.com/articles/there-is-no-scientific-method/>.

Krafft, F. (1969). Phosphor. Von der Lichtmaterie zum chemischen Element. *Angewandte Chemie*, *81* (17-18), 634-645.

Randi, J. (1988). The detection of fraud and fakery. *Experientia*, *44* (4), 287-290.

우리는 어떤 가정에 지나치게 집착한다

Wason, P. C. (1960). On the failure to eliminate hypotheses in a conceptual task. *Quarterly Journal of Experimental Psychology*, *12* (3), 129-140.

Evans, J. S. B. (2022). Wason selection task. In: *Cognitive Illusions* (140-153). Routledge.

Wason, P. C. & Evans, J. S. B. (1974). Dual processes in reasoning? *Cognition*, *3* (2), 141-154.

Giudice, G. F., Sibiryakov, S. & Strumia, A. (2012). Interpreting OPERA results on superluminal neutrino. *Nuclear Physics B, 861*(1), 1-16.

Brumfiel, G. (2011). Particles break light-speed limit. *Nature, 22.* <https://doi.org/10.1038/news.2011.554>.

Jha, A. (18. November 2011). *Neutrinos still faster than light in latest version of experiment.* The Guardian. Abgerufen am 24.5.2024 von <https://www.theguardian.com/science/2011/nov/18/neutrinos-still-faster-than-light>.

Krauss, L. M. (1987). Neutrino spectroscopy of supernova 1987A. *Nature, 329*(6141), 689-694.

Brumfiel, G. (2012). Neutrinos not faster than light. *Nature News.* <https://doi.org/10.1038/nature.2012.10249>.

Reich, E. S. (2012). Embattled neutrino project leaders step down. *Nature News, 2.* <https://doi.org/10.1038/nature.2012.10371>.

Reich, E. S. (2012). Timing glitches dog neutrino claim. *Nature, 483*(7387), 17.

우리는 우리가 측정한다고 생각하는 것을 측정하지 않는다

Blume, S. (8. Oktober 2023). *Zweifel an dem Gewaltexperiment der 1970er-Jahre.* Tagesschau. Abgerufen am 24.5.2024 von <https://www.tagesschau.de/wissen/forschung/stanford-prison-experiment-100.html>.

Bartels, J. M. (2015). The Stanford prison experiment in introductory psychology textbooks: A content analysis. *Psychology Learning & Teaching, 14*(1), 36-50.

Griggs, R. A. (2014). Coverage of the Stanford Prison Experiment in introductory psychology textbooks. *Teaching of Psychology, 41*(3), 195-203.

For the record (7. Juli 1983). The Daily Telegraph. Abgerufen am 24.5.2024 von <https://www.newspapers.com/article/the-daily-telegraph/135021563/>.

Mischel, W., Ayduk, O., Berman, M. G., Casey, B. J., Gotlib, I. H., Jonides, J. ··· & Shoda, Y. (2011). ›illpower‹ over the life span: decomposing self-regulation. *Social Cognitive and Affective Neuroscience, 6*(2), 252-256.

Watts, T. W., Duncan, G. J. & Quan, H. (2018). Revisiting the marsh-mallow test: A conceptual replication investigating links between early delay of gratification and later outcomes. *Psychological Science, 29*(7), 1159-1177.

McCrory Calarco, J. (2018, Jun 1). Why Rich Kids Are So Good at the Marshmallow Test. The Atlantic. Abgerufen am 24.5.2024 von <https://www.theatlantic.

com/family/archive/2018/06/marshmallow-test/561779/>.

Turkheimer, E., Haley, A., Waldron, M., d'Onofrio, B. & Gottesman, I. I.(2003). Socioeconomic status modifies heritability of IQ in young children. *Psychological Science, 14*(6), 623–628.

Nisbett, R. E., Aronson, J., Blair, C., Dickens, W., Flynn, J., Halpern, D. F. & Turkheimer, E.(2012). Intelligence: new findings and theoretical developments. *American psychologist, 67*(2), 130–159.

Rose, S.(2009). Should scientists study race and IQ? No: Science and society do not benefit. *Nature, 457*(7231), 786–788.

Pescosolido, B. A., Halpern-Manners, A., Luo, L. & Perry, B.(2021). Trends in public stigma of mental illness in the US, 1996–2018. *JAMA Network Open, 4*(12), e2140202.

우리는 어떤 설명이 옳은지 알 수 없다

William J. Clinton, *Remarks on the Possible Discovery of Life on Mars and an Exchange With Reporters Online* by Gerhard Peters and John T. Woolley, The American Presidency Project. Abgerufen am 23.6.2024 von <https://www.presidency.ucsb.edu/node/223419>.

Shogren, E.(15. Juli 1997). *White House Protests Film's Use of Clinton*. Los Angeles Times. Abgerufen am 24.5.2024 von <https://www.latimes.com/archives/la-xpm-1997-jul-15-mn-12716-story.html>.

Tollenaar, V., Zekollari, H., Lhermitte, S., Tax, D. M., Debaille, V., Goderis, S. ... & Pattyn, F.(2022). Unexplored Antarctic meteorite collection sites revealed through machine learning. *Science Advances, 8*(4), eabj8138.

Beard, B. L., Ludois, J. M., Lapen, T. J. & Johnson, C. M.(2013). Pre-4.0 billion year weathering on Mars constrained by Rb-Sr geochronology on meteorite ALH84001. *Earth and Planetary Science Letters, 361*, 173–182.

Ott, U., Swindle, T. D. & Schwenzer, S. P.(2019). Noble gases in Martian meteorites: budget, sources, sinks, and processes. In: J. Filiberto & S. P. Schwenzer(Eds.), *Volatiles in the Martian Crust*(35–70). Elsevier.

Jull, A. J. T., Eastoe, C. J., Xue, S. & Herzog, G. F.(1995). Isotopic composition of carbonates in the SNC meteorites Allan Hills 84001 and Nakhla. *Meteoritics, 30*(3), 311–318.

Goswami, J. N., Sinha, N., Murty, S. V. S., Mohapatra, R. K. & Clement, C. J. (1997). Nuclear tracks and light noble gases in Allan Hills 84001: Preatmospheric size, fall characteristics, cosmicray exposure duration and formation age. *Meteoritics & Planetary Science, 32*(1), 91-96.

Dickeson, Z. I. & Davis, J. M. (2020). Martian oceans. *Astronomy & Geophysics, 61*(3).

McKay, D. S., Gibson Jr, E. K., Thomas-Keprta, K. L., Vali, H., Romanek, C. S., Clemett, S. J. ⋯ & Zare, R. N. (1996). Search for past life on Mars: possible relic biogenic activity in Martian meteorite ALH84001. *Science, 273*(5277), 924-930.

Thomas-Keprta, K. L., Clemett, S. J., Bazylinski, D. A., Kirschvink, J. L., McKay, D. S., Wentworth, S. J. ⋯ & Romanek, C. S. (2002). Magnetofossils from ancient Mars: a robust biosignature in the Martian meteorite ALH84001. *Applied and Environmental Microbiology, 68*(8), 3663-3672.

Goswami, P., He, K., Li, J., Pan, Y., Roberts, A. P. & Lin, W. (2022). Magnetotactic bacteria and magnetofossils: ecology, evolution and environmental implications. *npj Biofilms and Microbiomes, 8*(1), 43.

Anders, E. (1996). Evaluating the evidence for past life on Mars. *Science, 274*(5295), 2119-2121.

Sawyer, K. (2006). *The rock from Mars: A detective story on two planets.* Random House.

Choi, C. Q. (10. August 2016). Mars Life? 20 Years Later, Debate Over Meteorite Continues. Space.com. Abgerufen am 24. 5. 2024 von <https://www.space.com/33690-allen-hills-mars-meteorite-alien-life-20-years.html>.

Own, C. S., Thomas-Keprta, K. L., Clemett, S., Rahman, Z., Martinez, J., Own, L. S. ⋯ & Pettit, D. R. (2022). Electron Microscopy and Analysis of Martian Meteorite ALH84001 with MochiiISS-NL on the International Space Station. *Microscopy and Microanalysis, 28*(S1), 2712-2718.

Sumbria, D., Berber, E., Mathayan, M. & Rouse, B. T. (2021). Virus infections and host metabolism—can we manage the interactions? *Frontiers in Immunology, 11*, 594963.

Taylor, G. J. (1996). Rules for Identifying Ancient Life. Planetary Science Research Discoveries Report, 1.

The Disney Resort That Never Was (19. Januar 2016). Federal Bureau of

Investigation. Abgerufen am 24.5.2024 von <https://www.fbi.gov/news/stories/the-disney-resort-that-never-was>.

Roberts, W. A. (2020). Addition and subtraction by honeybees. *Learning & Behavior, 48*, 191-192.

Shiffrin, R. M., Matzke, D., Crystal, J. D., Wagenmakers, E. J., Chandramouli, S. H., Vandekerckhove, J. ··· & Murphy, M. C. (2021). Extraordinary claims, extraordinary evidence? A discussion. *Learning & Behavior, 49*(3), 265-275.

Gewirtz, P. (1996). On »I Know It When I See It.« *The Yale Law Journal, 105*(4), 1023-1047.

Ford, H. L., Brick, C., Azmitia, M., Blaufuss, K. & Dekens, P. (2019). Women from some under-represented minorities are given too few talks at world's largest Earth-science conference. *Nature, 576*(7785), 32-35.

우리는 기대에 따라 분류한다

Statistisches Bundesamt. (2024). Statistische Wochenberichte. Stand: 05. Juli 2024, 31.

Kaindl, F. (20. April 2024). Deutsche Fußballnationalmannschaft: Wie viel Gehalt bekommt Julian Nagelsmann als Bundestrainer? Merkur.de. Abgerufen am 24.5.2024 von >https://www.merkur.de/leben/geld/nationalmannschaft-fc-bayern-bundestrainer-gehalt-julian-nagels\-mann-deutsche-zr-92548056.html>.

Markus Söder [@markus.soeder] (26. Februar 2023). Instagram. Abgerufen am 23.06.2024 von <https://www.instagram.com/p/CpHnOxcoTE9/>.

우리는 기대 없이 관찰할 수 없다

Parsons, H. M. (1974). What Happened at Hawthorne? *Science, 183*, 922-932.

Brannigan, A. & Zwerman, W. (2001). The real »Hawthorne effect«. *Society, 2*(38), 55-60.

Mostafazadeh-Bora, M. (2020). The Hawthorne effect in observational studies: Threat or opportunity? *Infection Control & Hospital Epidemiology, 41*(4), 491-491.

Thompson, H. S. (1972). *Fear and loathing in Las Vegas*. Random House.

Cowart, L. (20. September 2016). *Tinfoil hats and Nazi clowns: Pando goes to (and escapes from) a Donald Trump rally.* Pando.com. Abgerufen am 25.5.2024 von <https://web.archive.org/web/20210731061023/https://pando.com/2016/09/20/tinfoil-hats-and-nazi-clowns-pando-escapes-donald-trump-rally/>.

Wangersky, P. J.(1978). Lotka-Volterra population models. *Annual Review of Ecology and Systematics, 9*(1), 189-218.

Hawking, S. & Mlodinow, L.(2010). *The grand design.* Bantam Books.

Einstein, A.(1918). *Über die spezielle und die allgemeine Relativitätstheorie: (gemei nverständlich)* (No. 38). Vieweg(iv).

Petersen, A.(1963). The philosophy of Niels Bohr. *Bulletin of the Atomic Scientists, 19*(7), 8-14.

우리는 서로를 이해하지 못한다

Epley, N., Morewedge, C. K. & Keysar, B.(2004). Perspective taking in children and adults: Equivalent egocentrism but differential correction. *Journal of Experimental Social Psychology, 40*(6), 760-768.

Keysar, B.(2007). Communication and miscommunication: The role of egocentric processes. *Intercultural Pragmatics 4*(1), 71-84.

Metzing, C. & Brennan, S. E.(2003). When conceptual pacts are broken: Partner-specific effects on the comprehension of referring expressions. *Journal of Memory and Language, 49*(2), 201-213.

우리는 연구 자료를 읽는 방법을 모른다

Yazbek, S., Smayra, T., Mallak, I., Hage, S., Sleilaty, G., Atat, C. ⋯ & Moussa, R.(2020). Functional MRI study of language organization in left-handed and right-handed trilingual subjects. *Scientific Reports, 10*(1), 13165.

Borghoff, S. J., Cohen, S. S., Jiang, X., Lea, I. A., Klaren, W. D., Chappell, G. A. ⋯ & Wikoff, D. S.(2023). Updated systematic assessment of human, animal and mechanistic evidence demonstrates lack of human carcinogenicity with consumption of aspartame. *Food and Chemical Toxicology, 172,* 113549.

Hackam, D. G. & Redelmeier, D. A.(2006). Translation of research evidence from animals to humans. *JAMA, 296*(14), 1727-1732.

Kolata, G.(1998, May 3). *A cautious awe greets drugs that eradicate tumors in mice*. The New York Times.

Ale Ebrahim, N., Ebrahimian, H., Mousavi, M. & Tahriri, F. (2015). Does a long reference list guarantee more citations? Analysis of Malaysian highly cited and review papers. *The International Journal of Management Science and Business, 1*(3), 6-15.

우리는 가짜 연구에 속는다

Fazackerley, A. (7. Mai 2023). ›*Too greedy*‹: *mass walkout at global science journal over ›unethical‹ fees*. The Guardian. Abgerufen am 25.5.2024 von <https://www.theguardian.com/science/2023/may/07/too-greedy-mass-walkout-at-global-science-journal-over-unethical-fees>.

Normile, D. (28. April 2021). *Big-name scientists surprised to find themselves on journal board*. Science Insider. Abgerufen am 25.5.2024 von <https://www.science.org/content/article/big-name-scientists-surprised-find-themselves-journal-board>.

Brainard, J. (24. November 2020). For €9500, Nature journals will now make your paper free to read. Science Insider. Abgerufen am 25.5.2024 von <https://www.science.org/content/article/9500-nature-journals-will-now-make-your-paper-free-read>.

Butler, D. (2013). Investigating journals: The dark side of publishing. *Nature News, 495*(7442).

Chen, X. (2019). Beall's list and Cabell's blacklist: A comparison of two lists of predatory OA journals. *Serials Review, 45*(4), 219-226.

Dony, C., Raskinet, M., Renaville, F., Simon, S. & Thirion, P. (2020). How reliable and useful is Cabell's Blacklist? A data-driven analysis. *arXiv preprint arXiv:2009*.05392.

Kendall, G. (2021). Beall's legacy in the battle against predatory publishers. *Learned Publishing, 34*(3), 379-388.

Severin, A. & Low, N. (2019). Readers beware! Predatory journals are infiltrating citation databases. *International Journal of Public Health, 64*, 1123-1124.

Elm, U., Joy, N., House, G. & Schlomi, M. (2020). Cyllage City COVID-19 outbreak linked to zubat consumption. *American Journal of Biomedical Science and Research, 8*(2), 140-42.

Bainard, J. (7. Januar 2020). Articles in ›predatory‹ journals receive few or no citations. Science Insider. Abgerufen am 25.5.2024 von <https://www.science.org/content/article/articles-predatory-journals-receive-few-or-no-citations>.

Al-Moghrabi, D., Albishri, R. S., Alshehri, R. D., Arqub, S. A., Alkadhimi, A. & Fleming, P. S. (2023). An analysis of dental articles in predatory journals and associated online engagement. *Journal of Dentistry, 129*, 104385.

Chubb, J., Cowling, P. & Reed, D. (2022). Speeding up to keep up: exploring the use of AI in the research process. *AI & Society, 37*(4), 1439-1457.

Gordin, S., Gutherz, G., Elazary, A., Romach, A., Jiménez, E., Berant, J. & Cohen, Y. (2020). Reading Akkadian cuneiform using natural language processing. *PloS One, 15*(10), e0240511.

Teixeira da Silva, J. A. & Kendall, G. (2023). (Mis-) classification of 17,721 journals by an artificial intelligence predatory journal detector. *Publishing Research Quarterly, 39*(3), 263-279.

Stokel-Walker, C. (2023). ChatGPT listed as author on research papers: many scientists disapprove. *Nature, 613*(7945), 620-621.

Nature Editorials (2023). Tools such as ChatGPT threaten transparent science; here are our ground rules for their use. *Nature, 613*(7945), 612.

Nature Editorials (2023). Why Nature will not allow the use of generative AI in images and videos. *Nature, 618*, 214.

Guo, X., Dong, L. & Hao, D. (2024). RETRACTED: cellular functions of spermatogonial stem cells in relation to JAK/STAT signaling pathway. *Frontiers in Cell and Developmental Biology, 11*, 1339390.

Pearson, J. (15. Februar 2024). Scientific journal publishes AI-generated rat with gigantic penis in worrying incident. VICE.com. Abgerufen am 18.6.2024 von <https://www.vice.com/en/article/dy3jbz/scientific-journal-frontiers-publishes-ai-generated-rat-with-gigantic-penis-in-worrying-incident>.

우리는 모든 연구를 똑같이 신뢰할 수 있다고 여긴다

Schoenfeld, J. D. & Ioannidis, J. P. (2013). Is everything we eat associated with cancer? A systematic cookbook review. *The American Journal of Clinical Nutrition, 97*(1), 127-134.

Ioannidis, J. P. A. (17. März 2020). A fiasco in the making? As the coronavirus pandemic takes hold, we are making decisions without reliable data. StatNews.com. Abgerufen am 25.5.2024 von <https://www.statnews.com/2020/03/17/a-fiasco-in-the-making-as-the-coronavirus-pandemic-takes-hold-we-are-making-decisions-without-reliable-data/>.

Sridhar, D. (24. März 2022). Why can't some scientists just admit they were wrong about Covid?. The Guardian. Abgerufen am 25.5.2024 von <https://www.theguardian.com/commentisfree/2022/mar/24/scientists-wrong-covid-virus-experts>.

†
아이들에게
언제나 너희들을 사랑할게.
이것만은 사실이란다.

사실은 의견일 뿐이다

초판 1쇄 인쇄 2025년 9월 12일
초판 1쇄 발행 2025년 9월 24일

지은이 옌스 포엘
옮긴이 이덕임
펴낸이 유정연

이사 김귀분
책임편집 조현주 기획편집 신성식 유리슬아 황서연 정유진 디자인 안수진 기경란
마케팅 반지영 박중혁 하유정 제작 임정호 경영지원 박소영

펴낸곳 흐름출판(주) 출판등록 제313-2003-199호(2003년 5월 28일)
주소 서울시 마포구 월드컵북로5길 48-9(서교동)
전화 (02)325-4944 팩스 (02)325-4945 이메일 book@hbooks.co.kr
홈페이지 http://www.hbooks.co.kr 블로그 blog.naver.com/nextwave7
출력·인쇄·제본 (주)삼광프린팅 용지 월드페이퍼(주) 후가공 (주)이지앤비(특허 제10-1081185호)

ISBN 978-89-6596-753-8 03400

- 이 책은 저작권법에 따라 보호를 받는 저작물이므로 무단 전재와 복제를 금지하며, 이 책 내용의 전부 또는 일부를 사용하려면 반드시 저작권자와 흐름출판의 서면 동의를 받아야 합니다.
- 흐름출판은 독자 여러분의 투고를 기다리고 있습니다. 원고가 있으신 분은 book@hbooks.co.kr로 간단한 개요와 취지, 연락처 등을 보내주세요.
- 파손된 책은 구입하신 서점에서 교환해드리며 책값은 뒤표지에 있습니다.